U0255741

"让育儿更简单"系列

年糕妈妈

辅食日志

每天一道宝宝餐，营养美味又简单

"年糕妈妈"公号矩阵创始人
浙江大学 医学硕士 | **李丹阳** / 主编

北京联合出版公司
Beijing United Publishing Co.,Ltd.

推荐序一：
帮你养出棒棒的小孩

在我行医的20年中，我观察到一个现象。早些年，来医院就诊的有很多严重的小病患，出现的问题也都很棘手。但近些年，随着公共卫生的进步和防疫接种的普及，一些严重感染性疾病的小患者越来越少。父母带着孩子来医院，更多是咨询养育方面的问题，例如挑食、营养不良等问题。作为儿童营养方面的从业人员，这些年花费在口舌上的时间越来越多，我每天都会告诉求医的家长很多基本的科学喂养知识，并尽可能地缓解他们的焦虑。

有时，遇到完全不会好好养孩子的爸妈也会着急上火。心想，为什么连基本的喂养常识也不知道呢？尤其是看到好好的孩子被养得面黄肌瘦，患上营养性疾病，真的是不无感慨。我们希望每一个生病的宝宝都能恢复健康，但更希望的是，尽量避免由于不懂科学养育而造成的宝宝营养问题。

我们医生只是面对来求诊的小患者，很难做到惠及大众。以前父母遇到问题第一反应就是跑医院，随着科学育儿观念的普及，大众对科学喂养的认识有所提高。到现在这个时代，父母们获得信息的来源越来越多，越来越复杂，反而新一代父母不知道该信谁，该怎么做，同时越来越焦虑。

当编辑把年糕妈妈做的"宝宝辅食日志"公众号和这本书介绍给我的时候，我才发现，原来已经有人在科普喂养知识的路上做了很多努力，而且有1

千万的妈妈们已经在关注了。年糕妈妈用妈妈们易于接受的方式，把很多科普的喂养内容浓缩到短短的文章里，把辅食制作的技巧手把手教给新手妈妈，能够真正起到辅食科普的作用。《年糕妈妈辅食日志》这本书写得非常用心，专业和靠谱的辅食知识很实用，同时融入了西方先进的喂养观念。这对推动我们整个社会下一代的健康成长是一件有益的事情。

喂养得当，孩子的身体素质必然得到提高，各方面的能力也都会得到相应的提升。我非常高兴，有很多人在为科学喂养这件事做努力，传播真正专业科学靠谱的知识。希望《年糕妈妈辅食日志》能够作为新手爸妈解决喂养问题的妙招书，随手翻翻，一些常见的痛点难点都能解决，帮你养出棒棒的小孩！

马鸣

浙江大学医学院附属儿童医院

临床营养科副主任

推荐序二：
给孩子种下一颗健康饮食习惯的种子

如今很多成年人长期被高血糖、高血脂、高血压所困扰，而这些健康问题追本溯源，大多和包括饮食在内的生活方式有关。

冰冻三尺非一日之寒，成年人在饮食习惯上的偏差，有多少是从小养成的？不过，当李丹阳给我看这本《年糕妈妈辅食日志》样书时，我相信，看了这本书、接受了科学喂养知识的新时代妈妈们，能够给孩子种下一颗健康饮食习惯的种子。

我是李丹阳在浙江大学医学院就读硕士时的导师。毕业后一次闲聊，她半开玩笑地说："老师你知道你那时候有多严厉吗？简直是严苛，我都被你骂哭过。"

她的这番话，开始让我有些愕然，随后便会意地笑了。

我承认自己带学生的毛病，有时候确实严厉到不近人情。那是因为我深知，不论是治学还是从医，容不得半点马虎和松懈，因为我们的一点疏忽，可能关系的就是一个人的健康，甚至生命。

被我这样严厉教导出来的李丹阳没有当医生，她把浙大"求是创新"的校训用在了写科普文章上。她创办了年糕妈妈、宝宝辅食日志等公众号，为新手妈妈们创作了大量育儿文章。打动这些新手妈妈的不仅是活泼生动的行文风格，更有扎实可靠的科学知识给她们真正的帮助。

翻阅这本《年糕妈妈辅食日志》，我看到了李丹阳和她团队的坚持与用心。这本书参考了美国儿科学会、香港卫生署等最前沿、权威的喂养指南，同时结合了中国人的饮食方式，是一本既接地气又讲科学的辅食书。

她和我聊过这本书的创作过程：怎样一遍遍地查资料、一遍遍地打磨菜谱，还请来了浙江大学医学院附属儿童医院的权威医生做最专业的审核。

这剧情是不是似曾相识？我猜，现在的她在团队小伙伴的心目中，说不定也和当年的我一样，是一个严苛到不近人情的形象。

我想，她懂了我的严苛，因为她有了自己的坚持。

我也很欣慰，她把这份从学生时代就培养起来的严谨精神，用在了更有意义和价值的地方——影响千万家庭和宝宝的健康。

这么一想，她放弃医生这个职业，倒也不算是我这个老师的失败了。

李红

浙江大学医学院博士生导师

作者序:
向国民性的错误喂养观念"宣战"

有一次带年糕去参加朋友的生日宴,遇到一个6个月大的宝宝。他的父母都是我的旧交好友,都是名校毕业生、家境富足。奇怪的是,这么大的孩子,抱在手上感觉晃晃悠悠,颈椎还支撑不住脑袋。父母着急地问我,辅食怎么喂不进去啊? 什么时候喂? 一问才知道,因为心疼,他们从来没有让孩子练习过趴着,一直抱在手上,也完全没有辅食喂养的知识。这令我非常震惊,原来连这样高知家庭的新手爸妈,对辅食喂养还是一无所知。如果不及早介入,这个孩子即将面临营养不良、生长发育滞后等问题,甚至影响智商发育。

此外,还有大量错误又陈旧的观念一直影响着中国新一代的父母。农村孩子天天稀饭、馒头,贫血很可能会影响他们的智商发育;而城市的孩子,吃盐、喝骨头汤、各种追着喂饭,肥胖和营养不良也是日趋呈现出的喂养性问题。孩子早期的营养没到位,一生的健康可能都毁了。

这些状况真的让我非常心痛,中国的宝宝,什么时候才能被正确对待?

而我,要向这样国民性的错误知识"宣战"!

这就是为什么这三年多来,我一直在做辟谣、科普的原因。把正确的喂养观念带给中国的父母,让1亿中国宝宝得到更好的养育。

曾经有妈妈留言告诉我，因为看了我们的辅食知识和菜谱，孩子轻微的贫血慢慢有了好转。还有妈妈告诉我，知道了很多补锌的食材，娃的胃口变得越来越好了。不少妈妈表示，知道什么时候孩子该吃什么，心里才不会感觉那么慌了。

还有太多妈妈给我留言，希望出本辅食书可以随时翻阅。而我们也在不断丰富内容，终于，这本书要面世了。

这本书会教给大家专业的喂养知识、靠谱的喂养方法，更有手把手教你的辅食菜谱。按月龄精准添加、每周辅食计划、108道营养辅食、九大功能性食谱、补铁补钙补锌、孩子生病怎么吃……

不知道给宝宝吃什么？照着这本书做就对了！

出这本书是不容易的，我深知写下的每一句话妈妈都可能会照着做，而任何一个错误都可能伤害到宝宝。所以我们严格把握每一个知识点，请专业医生来全面审查，反复修改。又根据新的拍摄风格重新拍摄，准备时间长达半年，希望能够给读者朋友呈现出一本最好的辅食书。

这是一本新手妈妈最有用的操作书，也是最接地气的喂养指南。相信我，只有你的孩子长得结实、身体健康、生病少，独立吃饭能力强，自信心强，各项发育指标正常，未来的每一步才会走得更好。你一定会感谢遇到这本书，我有这个自信！

糕妈

PART 01

辅食的基本知识
90% 的父母都不知道

PART 02

准备做辅食
工具、食材和方法
都要收入囊中

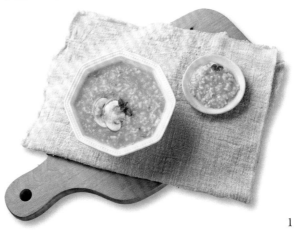

PART 03

辅食常见误区
你中招了吗?

PART 04

每个孩子都能
好好吃饭

PART 05

让宝宝正确喝奶、
喝水你都做对了吗?

PART 06

常见辅食困惑
我要问糕妈

PART 07

宝宝每个月辅食吃什么，怎么吃？

PART 08

宝宝常见小烦恼
吃对辅食就能搞定

补钙：
补钙餐吃得好，
宝宝才能长高高

补铁：
缺铁不光影响宝宝健康，
还会影响智力发育

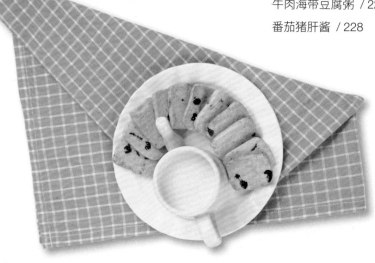

补锌：
不爱吃饭的宝宝，
很可能是因为缺了它！

DHA：
脑黄金这么补，
宝宝更聪明

蛋白质：
宝宝营养不良，
首先选择它！

维生素：
蔬菜水果要多吃，
免疫力才更强

孩子的零食：
缓解饥饿的好帮手，
锻炼咀嚼能力补充能量

生病食谱：
生病抵抗力差，
注重营养好得快

便秘：
吃这几样，
让宝宝排便更轻松

附录一：

附录二：

PART 01

辅食的基本知识

90% 的父母都不知道

第一口辅食该怎么吃，吃什么，吃多少？宝宝不肯吃怎么办，会不会被呛到？什么能吃，什么不能吃，需要加调味料吗？这一连串的问题，分分钟就把新手妈妈们绕晕了。本章带领妈妈们搞清楚这些问题，轻轻松松地让宝宝吃对、吃好，让你轻松变身为宝宝的专属顶级料理师。

6 个月是添加辅食的好时机

● 何时开始添加辅食？

根据世界卫生组织（WHO）的建议：婴儿出生后的前6个月，应进行纯母乳喂养。在6个月后，应在母乳喂养的同时，添加各种营养充分的辅食。

6个月左右是添加辅食比较好的时机，但并不是非要在6个月。综合AAP（美国儿科学会）、NHS（英国国家医疗服务体系）、香港卫生署等各大权威机构的建议，给宝宝添加辅食的最好时机，应该是在4—6个月（近6个月），结合宝宝的发育情况而定。

● 过早或过晚添加辅食，会有哪些问题？

太早引入固体食物，一方面没有必要，这个阶段宝宝能从母乳或配方奶中获得生长所需的全部营养。另一方面，太早引入辅食还会带来很多负面影响。比如宝宝消化酶特别是淀粉酶没有发育成熟，还不能很好地消化米糊等淀粉类食物；过早添加辅食会影响宝宝正常喝奶；增加肥胖和过敏的风险；如果宝宝很抗拒，还可能会影响之后的辅食添加，得不偿失。

太晚给宝宝添加辅食，也会导致一些问题。比如营养需求无法得到满足，会影响宝宝正常的生长和发育。研究发现，出生17—26周的婴儿对不同口味的接受度最高，而26—45周的婴儿对不同质地食物的接受度较高，过晚添加辅食会使宝宝拒绝用新的方式（咀嚼、吞咽）进食，影响其口腔运动能力以及语言能力的发展。同时也会造成不愿接受新的食物，口味也会很难改变，容易增加挑食、偏食风险。

因此，宝宝满6个月后，必须根据宝宝的情况适时引入各种营养丰富的辅食。

宝宝想要添加辅食，
会给妈妈发出哪些信号

怎样判断宝宝是否真的准备好了呢？妈妈们可以参考以下4条标准。

1.可以很好地控制头部和颈部。能在有支撑的情况下，坐在高脚凳上。

2.挺舌反射消失。妈妈可以在勺子前端沾一点用母乳稀释过的米粉，放进宝宝嘴里试一试。如果宝宝用舌头把食物推出来，就表明他还没有准备好。

3.开始对食物感兴趣。宝宝可能会盯着别人吃东西，想要伸手拿食物；把食物放到他嘴边时，他还会张开嘴巴。

4.具备口腔运动技能。能把食物从口腔前部运送到喉咙，并吞咽下去。

大部分宝宝会在6月龄左右达到上面这4条标准。如果你家宝贝提前达标了（当然必须满4个月哦），妈妈们也可以在咨询过儿科医生后，尝试给宝宝添加辅食。

TIPS

如果你家宝宝7个月大时还没有这些表现，
应该带他去看医生。

● 添加辅食的理想时机

宝宝健康且心情良好时，是添加辅食的理想时机，比如刚刚睡醒的时候，更容易接受新食物。不要选在宝宝太饿或者太烦躁的时候，因为他正烦着呢，根本没心情尝试新食物。

TIPS

宝宝吃手、夜醒增加、想要更多的母乳，都是婴儿的正常行为，不一定是因为饿，也不是添加辅食的信号。

● 第一次辅食该怎么吃？

明确了辅食添加的时间，下面我们来解答妈妈们最关心的问题：怎么给宝宝吃第一次辅食。

准备米糊。宝宝的第一次辅食，通常是强化铁的婴儿米粉。因为它容易稀释、易于消化，还富含宝宝生长所需的铁。你可以用母乳、配方奶或水来稀释，冲调成稍稀的泥糊状（能用小勺舀起，但不会很快滴落）。

合适的时间。第一次添加辅食，建议选在宝宝心情和状态都不错的时候。可以先给他喂一点奶，让他没那么饿。然后用小勺喂一点辅食（半勺，甚至更少的量）。最后视情况再给宝宝喂点奶，保证他能吃饱。

在餐椅上坐直。吃辅食的时候，一定要让宝宝坐直，以防噎着。最好在添加辅食之前，就让宝宝熟悉坐在餐椅上的感觉。妈妈们要牢记，宝宝坐在餐椅上时，一定要有大人看管，并且系好安全带。

用小勺子喂，不要用奶瓶。喂宝宝的勺子勺面要小，最好是塑料或硅胶的，不容易伤到宝宝。如果宝宝对勺子很感兴趣，可以给他一把短柄的勺子拿在手里玩。千万不要用奶瓶喂辅食，那样不仅会阻碍宝宝学习用正确的方式吃东西，还容易导致过度进食。

不要强迫宝宝。刚开始添加辅食时，宝宝拒绝是很正常的，要给他一点适应的时间。宝宝刚开始学习接受勺子喂养时，可以用小勺舀起少量米糊放在他一侧嘴角让其吮舔，切忌将小勺直接塞进他嘴里，令其有窒息感，产生不良的进食体验。如果宝宝不愿意张嘴，那就换个时间再尝试。

留意吃饱信号。刚开始，宝宝通常只能吃一点点。如果宝宝把头转向一边，紧闭小嘴，或是吐出食物，那就说明他已经吃饱了。这时不应该强迫宝宝再多吃点，否则只会让他对进食反感。

添加辅食，
妈妈要掌握的 6 项基本原则

辅食添加要循序渐进。遵循由少到多、由稀到稠、由细到粗的规律。等宝宝适应了，再逐步改变食物的分量和质地。

每次只添加一种新食物。然后观察3~5天，看是否出现腹泻、皮疹、呕吐等症状。这点非常重要，有助于判断宝宝对某样食物是否过敏。如果宝宝出现了不良反应，建议停食该食物，等过一段时间再尝试。

优先添加富含铁的辅食。铁元素对宝宝的生长发育极为重要。出生时储存在宝宝体内的铁，只够维持宝宝4~6个月的生长所需。因此在给宝宝添加辅食时，首选一定是富含铁的食物，如强化铁的婴儿米粉、肉泥、动物肝脏泥等。

食物应多样化。宝宝的辅食应该包括奶类、谷物、蔬菜、水果、肉蛋鱼等，种类尽可能丰富。可适量添加植物油，帮助宝宝补充能量和必需脂肪酸。

保持喝奶的习惯。添加辅食后，宝宝仍然需要从母乳或配方奶中获取各种营养物质。7—12个月的宝宝，每天的需奶量为600~1000毫升。奶量是递减的。1岁以后，每天的需奶量为300~500毫升。

不添加调味料。制作辅食时，应保留食物的天然味道，不应添加盐及其他任何刺激性的调味料。这对宝宝清淡口味的形成至关重要。

根据宝宝的成长，选对适合的食物

直接给宝宝吃成人的食物，宝宝肯定"吃不消"。添加辅食必须循序渐进，从半流质到固体，从细到粗，从软到硬。宝宝咀嚼能力的发展快慢各有不同，家长应根据宝宝的情况来准备质感合适的食物。

一般来说，6月龄的宝宝适合吃稀滑的糊；7—8月龄的宝宝适合吃稠糊和泥蓉状的食物；9—11月龄的宝宝适合吃有颗粒的泥蓉状食物，如菜、肉、粥；12—18月龄的宝宝可以吃软饭、切碎的肉和菜；19—24月龄的宝宝能吃略微切碎的家常饭菜。

● 逐渐变化的食物性状

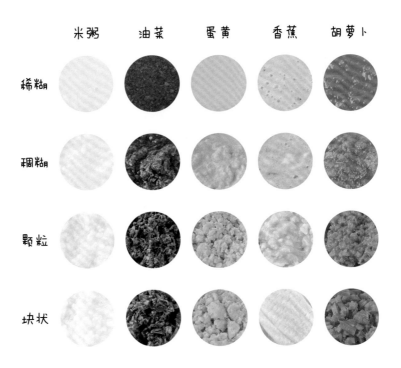

每天喂多少辅食，
才能满足宝宝的需求？

　　宝宝一天需要添加几次辅食？添加多少呢？小宝宝还不会用言语表达，这就要求妈妈对喂养标准做到心中有数。具体喂养时还需根据宝宝的实际发育情况和咀嚼能力来决定。

● 不同月龄宝宝摄入辅食的次数

　　6—8个月： 每天需要添加1~2次辅食，逐渐停止夜间喂养，白天进餐时间逐渐和家人一致。

　　9—12个月： 每天需要添加2~3次正餐，停止夜间喂养，一日三餐时间与家人大致相同，并安排3次点心（1次点心是奶）。

　　13—24个月： 每天需要添加3次正餐，应和家人一起进食，并安排3次点心（1次点心是奶）。

● 不同月龄宝宝的辅食摄入量

　　宝宝需要的辅食量很少，妈妈们很难掌握添加食物的分量。糕妈给年糕喂辅食时参考了美国儿科学会的建议，这相当于一个喂养标准。妈妈们可参考此标准，根据自己宝宝的实际发育情况和咀嚼能力，为宝宝制订一份独一无二的菜单。

美国儿科学会建议：8—12 个月宝宝每日食谱

添加时间	食谱
早餐	* 1/4~1/2 杯谷物（如米粉、麦片）或者鸡蛋羹（或炒蛋） * 1/4~1/2 杯水果，可以制作成果泥，也可以切成丁作为手指食物，让宝宝自主进食 * 120~180 毫升母乳或配方奶
点心	* 120~180 毫升母乳、配方奶或水 * 1/4 杯切成丁的奶酪或熟的蔬菜（建议选择纯奶酪或干酪，而不是再制奶酪或再制干酪）
午餐	* 1/4~1/2 杯酸奶或松软的奶酪或肉 * 1/4~1/2 杯黄色或橙色蔬菜（如胡萝卜、红薯、番茄） * 120~180 毫升母乳或配方奶
点心	* 1 块磨牙饼干或薄脆饼干 * 1/4 杯酸奶或水果 * 水适量
晚餐	* 1/4 杯切成丁的肉或豆腐 * 1/4~1/2 杯绿色蔬菜 * 1/4 杯面条、米饭或土豆 * 1/4 杯水果 * 120~180 毫升母乳或配方奶
睡前	* 180~240 毫升母乳或配方奶或水（如果睡前给宝宝喝配方奶或母乳，喝完后要给他漱口或刷牙）

注：1杯=240毫升

美国儿科学会建议：13—24 个月宝宝每日食谱

添加时间	食谱
早餐	* 1/2 杯早餐麦片或者一个熟鸡蛋 * 1/4~1/2 杯全脂牛奶（加不加麦片均可） * 1/2 个香蕉，切成小块 * 2~3 个大草莓，切成小块
点心	* 1 片吐司或者全麦松饼，加 1~2 大汤匙奶酪或花生酱，或带有果粒的酸奶 * 1/2 杯全脂或低脂牛奶
午餐	* 1/2 块鸡肉或金枪鱼三明治，佐以沙拉或者花生酱 * 1/2 杯做熟的绿色蔬菜 * 1/2 杯全脂或低脂牛奶
点心	* 30~60 克奶酪或者 2~3 大汤匙水果 / 果酱 * 1/2 杯全脂或低脂牛奶
晚餐	* 60~90 克做熟的肉，切成肉末或肉丁 * 1/2 杯（120 毫升）做熟的黄色或橙色蔬菜（如胡萝卜、红薯、浅色番茄） * 1/2 杯（120 毫升）全麦面食（如面条）、米饭或土豆 * 1/2 杯（120 毫升）全脂或低脂牛奶

注：该食谱适用于体重大约为9.5千克的1岁孩子。

美国儿科学会建议：24 个月以上宝宝每日食谱

添加时间	食谱
早餐	* 1/2 杯脱脂或低脂牛奶 * 1/2 杯含铁的早餐麦片或者 1/2 片全麦面包 * 1/3 杯水果（例如香蕉、甜瓜或草莓） * 1 个鸡蛋
点心	* 4 片抹有奶酪或豆泥的饼干或者 1/2 杯切碎的水果或浆果（比如草莓） * 1/2 杯水
午餐	* 1/2 杯低脂或脱脂牛奶 * 1/2 个三明治：1 片全麦面包，30 克肉，1 片奶酪，蔬果（牛油果、生菜或番茄） * 2~3 个胡萝卜条（切碎或煮熟）或者 2 大汤匙其他的暗黄色或暗绿色的蔬菜 * 1/2 杯浆果或者一小块（15 克）低脂燕麦饼干
点心	* 1/2 杯脱脂或低脂牛奶 * 1/2 个苹果（切片），3 个西梅，1/3 杯葡萄（切碎），或 1/2 个柑橘
晚餐	* 1/2 杯脱脂或低脂牛奶 * 60 克肉 * 1/3 杯（80 毫升）全麦面食、米饭或土豆 * 2 大汤匙蔬菜

注：该食谱适用于体重大约为12.5千克的2岁孩子。为了避免肥胖国外会给孩子选择低脂或者脱脂牛奶，一般来说国内孩子不必这么做。

如何判断宝宝吃得好不好？

如何才能知道宝宝获得的营养充不充足，吃得好不好呢？妈妈们可以通过以下几个方面来判断：

1.生长曲线。评价喂养效果的金标准。利用世界卫生组织2006年版生长曲线，可以连续观察宝宝身高、体重等重要指标，了解宝宝的生长、发育过程，判断有无肥胖或生长发育迟缓的现象。

2.宝宝的需奶量。6个月未添加辅食的宝宝，奶量在1000毫升左右；添加辅食后，1岁以内的宝宝，奶量不能低于600毫升。即便宝宝非常爱吃辅食，也要保证奶量的正常摄取。

3.尿量。喂养正常的宝宝，每天要换6次或以上纸尿裤。

4.进食行为训练。逐渐引导宝宝自主进食，为宝宝独立吃饭做准备。

5.味道和食物偏好引导。不在辅食内添加复杂调味品，让宝宝品尝食材本身的味道；1岁以内的辅食不加盐。

6.及时发现过敏。观察宝宝是否出现湿疹、荨麻疹、食后呕吐、腹泻等过敏症状。

TIPS

每次喂完辅食后，让宝宝喝一两口白开水漱口，并尽早培养宝宝刷牙的习惯。

PART 02

准备做辅食

工具、食材和方法都要收入囊中

到了妈妈想要给宝宝露一手的时候，制作辅食的工具、食材都要先到位。给宝宝挑选餐具，也是妈妈们需要做的功课之一，这些餐具会陪伴宝宝开启美妙的辅食旅程。掌握了基础的辅食制作教程，制作后面复杂的辅食也会易如反掌。

选择好工具，
妈妈做得棒，宝宝吃得香

在忙忙碌碌的看娃时间中，挤出时间和精力制作辅食，省时、省力是很多妈妈们的诉求，优秀的辅食工具可以大大地提高效率。并且很多食物必须借助辅食工具，才能制作成适合宝宝食用的性状。

辅食机

辅食机很适合懒妈妈们，蒸打一体比较方便，食材洗净、切块后丢进去就可以，而且打出的肉泥、菜泥、果泥都非常细腻。但辅食机的缺点是，太小份的食物不好处理。

辅食机

料理机

料理机的功能比较多，功率也比较大，对于宝宝的日常辅食都可以解决，打出的泥细腻，清洗也比较方便，而且还有很多家常用途。料理机的缺点也是太小份的食物不好处理。

料理机

料理棒

料理棒相当于料理机的一个局部，简单易操作，还有不同的料理杯使用，可以根据食材类型分开处理，更卫生，不管是给宝宝做肉泥、果泥都能轻松搞定。料理棒储存、清洗也很方便，是省时省力又省工的辅食工具。缺点同样是太小份的食物不好处理。

料理棒

研磨碗

研磨碗

研磨碗的优点是方便携带、清洗和储存，可以处理少量的食物。但手工研磨的细腻程度远不如电动的辅食机、料理机或料理棒，成品颗粒较粗大，比较适合大月龄的宝宝。

辅食剪

辅食剪

小巧的辅食剪适合出门携带，可以把大人的食物，比如面条、土豆以及煮得比较烂的肉、鱼等剪成很小的块儿，方便宝宝食用。

辅食保存工具

辅食保存工具

辅食肯定是现吃现做最好，但很多妈妈做不到每顿都现做。妈妈们可以一次多做一些辅食，放入专门的辅食冷冻格、密封盒或密封袋，方便又省时。

给宝宝准备
实用又安全的餐具

　　宝宝开始吃辅食了，除了奶瓶，还应为他准备专属的餐具。儿童餐具通常色彩鲜艳、造型可爱，是增进宝宝食欲的"好帮手"，而且有很多功能上的设计。有的家庭会让宝宝直接使用成人餐具，这种做法弊端不少，很多疾病易通过餐具传染给宝宝。

● 宝宝要拥有自己的专属餐具

勺子

　　1.感温勺。适合任何年龄段的宝宝，不需要家长试温，当食物温度超过40℃时，勺子便会变色，可防止烫伤宝宝。

　　2."L"型勺。勺子带有弯头，便于宝宝将食物送到嘴里。

　　3.不锈钢刀叉。有包装盒方便携带的不锈钢刀叉，可以让孩子外出就餐时也使用自己的专属刀叉。

勺子

吸盘碗

　　吸盘碗是入门级的宝宝餐具，适合刚学习吃饭的宝宝，吸在桌面上不容易被宝宝打翻。通常吸盘越大，吸力越强。

吸盘碗

注水保温碗

注水保温碗

注水碗下层灌进热水，可以帮助食物保温。在天冷的时候饭菜凉得快，使用保温碗，就不用担心宝宝吃冷饭啦。

保温罐

保温罐

保温罐适合装粥之类的食物，特别适合刚添加辅食，还不能食用外面餐馆食物的宝宝。早上出门带上，到了中午宝宝也能吃上热乎乎的辅食。

● 餐具清洗不容马虎

1. **及时清洗。**宝宝使用后的餐具要及时清洗，玻璃餐具可用尼龙清洁刷，塑料餐具应使用海绵清洁刷，不要用百洁布、钢丝球之类的物品清洁餐具。如果感觉清洗不干净，可以适量使用宝宝专用的餐具清洗剂。

2. **消毒很重要。**宝宝餐具仅仅进行常规清洗是不够的，清洗后建议要进行消毒处理（尤其在胃肠道疾病高发的夏秋季）。消毒的方式有很多，比如煮沸、压力锅、微波炉或消毒柜等。瓷器类餐具、玻璃制品、木制筷子等餐具，用高温蒸汽消毒效果较好。塑料小碗、勺子等不耐高温的产品，不可以使用压力锅消毒。

3. **防止污染。**消毒完的餐具要避免二次污染，自然风干后，放在干净干燥密封的容器中保存。

● 妈妈还需要为宝宝准备的物品

儿童餐椅

儿童餐椅可以帮宝宝从小养成坐在椅子上吃饭的习惯，减少日后追着宝宝喂饭的负担。即便餐椅很安全，家人也要密切关注宝宝的一举一动，以免发生危险。另外，不要让宝宝长时间坐在椅子上。

儿童餐椅

TIPS

1.添加辅食时，不要抱着宝宝喂，这样没法面对面，不利于观察宝宝，也会影响和宝宝的沟通交流。

2.不要让宝宝坐在地上喂辅食，这样宝宝会爬之后就不容易安心吃饭。

3.不要让宝宝平躺或者斜躺着进食，以免造成梗塞、窒息。

围兜 / 围嘴 / 反穿衣

宝宝自己吃饭的时候，各种汤汁、饭粒、食物渣子难免会掉一身。戴上一个围兜、围嘴或反穿衣，就不会弄得满身都是了，大大减轻了妈妈的家务负担。

围兜

1 分钟读懂营养标签，给宝宝选对食物

给宝宝选购健康的食物，营养标签是重要依据，它能帮助我们了解食品的营养成分。在超市购买包装食品时，通常要关注两个重要信息：一个是营养成分表，另一个是配料表。

● 这个东西有营养吗？——营养成分表

营养成分表是营养标签的核心，通过具体例子大家更容易看懂。

示例 1：某饼干的营养成分表

营养成分表

项目	每 100 克	NRV%
能量	2035 千焦	24%
蛋白质	4.5 克	8%
脂肪	21.5 克	36%
碳水化合物	67.5 克	23%
钠	420 毫克	21%

每份19.4克，约2片饼干，本包装约含6份。NRV=营养素参考值。

配料：小麦粉、白砂糖、食用植物油、可可粉、淀粉、食品添加剂(碳酸氢钠、碳酸氢铵、大豆磷脂、柠檬酸)、食用盐、食用香精香料。

上表中左侧： 能量、蛋白质、脂肪、碳水化合物、钠。这5项内容是强制标示的基本营养数据，其他成分如"钙""铁""维生素A"等，则是企业自愿标示。

上表中右侧： 营养素参考值（NRV%），是指每100克（毫升）或每份食品中该营养素占人体一天所需的百分比（正常成年人）。

100克饼干含有的能量为2035千焦，占能量NRV的百分比为"24%"。也就是说，如果我们吃了100克饼干，大概能满足一个成人每天能量需求的24%。试想一下，宝宝吃了这样的饼干后，还能吃下多少饭呢？

示例2：某薯片的营养成分表

营养成分表

项目	每袋	NRV%
能量	975 千焦	12%
蛋白质	2.6 克	4%
脂肪	13.5 克	23%
一饱和脂肪酸	6.8 克	34%
碳水化合物	24.7 克	8%
一糖	2.9 克	
膳食纤维	1.4 克	6%
钠	201 毫克	10%

一袋量为45克。

通过上表我们可以看出，仅仅45克薯片的能量竟高达975千焦，约占一个成人一天能量需求的12%，全天脂肪需求的23%，全天钠元素需求的10%，而蛋白质含量却非常低。这种高能量、高脂肪、高盐、低蛋白的食物，显然是不适合给宝宝多吃的，所以妈妈们要慎买！

给小宝宝选购食品的时候，要注意选择低钠
的，建议钠含量不要超过300毫克/100克。

● 选择食物的指南针——配料表

食品的营养品质，本质上取决于原料及其比例，也就是配料表。在
配料表中，排在第一位的是含量最高的原料；按照排位顺序，含量依次
递减。

为宝宝选购食品的时候，可以通过配料表判断食物中原材料的含
量，尽量选择前几位是天然原材料的，比如面粉、牛奶、鸡蛋、水果、
水等，而不是白砂糖、添加剂排在前面的深加工食品。

TIPS

配料表名单太长的食品，通常不是好选择。配
料过多，很可能是加入了过多的添加剂，相对
的天然食物的比例就会减少。种类复杂的添加
剂还会影响宝宝的健康。

● 食品标签，让奶制品现原形

普通酸奶

这种乳制品较为多见，配料表中的第一位是生牛（羊）乳，但往往含有较多的糖，不太适合给宝宝食用。

含乳饮料

配料表中第一位是水，第二位是白砂糖，第三位才是奶粉。这种乳制品的蛋白质含量极低，根本不能称为"奶制品"，只是"含乳饮料"。这种饮料尽量不要让宝宝喝。

健康酸奶

原料中只有牛奶和菌种，且蛋白质含量很高。不过，有的酸奶中带有蜂蜜包，1岁以下的宝宝不能添加。

健康的牛奶

配料表中只有生牛乳，没有其他的添加成分，是营养、健康的安心之选。

奶制品

辅食的基本制作技巧

前面介绍了辅食添加的理论指导，接下来就谈一谈更接地气的事儿，妈妈们该如何实操，比如菜泥、肉泥怎么做？如何冲调米粉？辅食做多了又该如何保存？

● 辅食制作别马虎

要想安全地储存辅食，首先在制作时就要格外注意卫生问题。宝宝的抵抗力差，更容易病从口入。所以，妈妈们在爱意满满地为宝贝做辅食时，下面这些事项万万不能马虎哦。

1.做辅食前，彻底洗净双手。

2.生、熟食物分开处理，使用专用工具（包括刀、砧板、容器等）。

3.食物要彻底煮熟并检查。肉类切开后无血丝，蛋黄应凝固，汤类应煮至沸腾（持续沸腾至少1分钟）。

4.易腐烂的蔬菜、水果以及肉蛋鱼，都不能在室温下放置过久。购买后应尽快烹煮或冷藏。

5.做好的辅食尽快给宝宝食用，室温下存放不能超过2小时。不建议给未满6个月的宝宝食用自制的菠菜、甜菜、四季豆、胡萝卜、羽衣甘蓝等蔬菜泥。因为这类蔬菜可能含有较高浓度的硝酸盐，如果要吃的话，建议现做现吃。

● 制作蔬果泥两步走

第一步：将蔬菜煮熟或蒸熟

1.根茎类蔬菜通常采用蒸的方式，比如南瓜、土豆、胡萝卜等。

2.叶类蔬菜需要用水煮，煮之前应将蔬菜充分洗净。煮菜水一定要倒掉，以免农药、草酸、化肥等有害物质残留。

第二步：把蔬菜研磨成泥

1.比较软糯的根茎类蔬菜，用研磨碗研磨即可。

2.研磨不细腻的蔬菜，需要借助辅食机或者料理棒。电动类搅打器材可以把食材打得非常细腻。如果没有辅食机，可以先用研磨碗研磨，然后过筛取比较细腻的部分。

3.本身含水量较少的蔬菜，在研磨时可加少量白开水，这样研磨出来的泥会更细腻。等到宝宝稍微大点儿时，叶类菜尽量选择嫩菜叶，可不必打成泥，用刀剁碎即可。

4.菜泥和土豆泥最好加入适量植物油，或与肉泥混合后喂养。

5.玉米糊带渣比较多，可以先用辅食机搅打后再过筛，这样成品口感更细腻。

菠菜泥

制作果泥的原理与菜泥基本相同，只不过不必弄熟。

1.香蕉、牛油果之类的水果，使用研磨碗就可以研磨得又软又细。

2.苹果、梨等水果，可以使用辅食机或者用勺尖刮。

3.樱桃之类的水果，需要借助辅食机的帮助。

另外，果泥与酸奶是很好的搭配，水果的甜味和酸奶的酸味中和一下，宝宝很爱吃。

如何制作肉泥、鱼泥

肉泥的制作（示例：猪肉）

1.去除白色腱膜。

2.将肉切成丁，放入清水煮，去除浮沫，煮10~15分钟或压力锅煮10分钟（可以在煮的过程中放一点葱姜）。

3.将煮熟的肉丁放入辅食机（或料理机）中，加入适量汤汁（越小的宝宝，肉汤需加的越多，这样打出来的肉泥越细腻）。

4.启动辅食机（或料理棒）将肉丁打成肉泥，盛入冰格中，放冰箱冷冻结块后，脱模，装入保鲜袋中冷冻保存。

5.随吃随取，比如一顿取1~2块隔水蒸热，可以加到米粉、粥或面条中。

猪肉泥

肉的选择很重要，猪肉建议选择猪大腿中间的肉或者猪里脊；鸡肉首选鸡腿肉，其次是鸡胸肉；牛肉宜选瘦的部分，比如后腿肚内芯或里脊。

肉糜中加鸡蛋、淀粉，可以使肉泥更嫩滑。或者将肉糜和大米以1:1的比例煮成粥也是很好的辅食。

鱼泥的制作（示例：三文鱼）

1.将鱼肉洗净，按照宝宝每顿的食量切块。

2.将切好的鱼块装入保鲜袋（鱼块之间略留空隙，以免冷冻后粘在一起），放入冰箱冷冻保存。

3.食用之前，取出鱼块常温解冻后隔水蒸8分钟左右。

4.将蒸熟的鱼块去皮去骨放入研磨碗中磨成泥（处理鱼肉时需将鱼刺全部取出）。

5.将鱼泥混在菜粥、米粉里一起吃，既营养又美味。

三文鱼泥

肝泥的制作（示例：猪肝泥）

肝在辅食中相当重要，含丰富的铁、锌、维生素A和维生素D。

1.猪肝用盐水浸泡后，彻底冲洗干净。

2.切片放入锅中，加入葱姜焯水。

3.重新起锅倒入清水，将猪肝煮至熟软后放入料理杯中，加入适量温水打成泥状。

如何冲调米粉

1.在碗中加入婴儿米粉。

2.把母乳或配方奶分几次倒入米粉内，并用匙羹拌匀。

米粉的冲调虽说是个再简单不过的事情，但细心的妈妈还是有很多疑问：

自制的米粉是否更健康？ 自家做的米粉并不是理想的选择。营养米粉是根据宝宝需要的营养元素搭配好的（尤其是强化的铁元素），在宝宝进食种类比较少的情况下，更能满足其生长发育的需求。另外，最好选择原味的米粉，水果味的米粉口味丰富，易造成宝宝挑食。

米粉不同段位有何区别？ 一般来说，一段是大米米粉（4月+），二段是燕麦米粉（6月+），三段是混合谷物（9月+），但每个品牌会有所不同。无论什么时候添加，都应从一段米粉开始。

米粉可以混吃吗？ 米粉可以混吃，只要宝宝不过敏，不同品牌、不同段位、不同谷物都可以混吃。比如，满6个月的宝宝，可以一段、二段混吃；满9个月的宝宝，通通可以混吃。

每次宝宝吃多少？ 7—12个月宝宝推荐食用量是14~20克干粉/顿，可以从2勺（30毫升的奶粉勺，约6克）开始，根据宝宝的进食情况逐渐增加。年糕8个月的时候每顿是6勺（约16~18克）。

用什么冲调米粉？ 温开水即可，母乳、配方奶也可以用来冲调米粉，主要看宝宝的口味偏好。

冲米粉要用多少水？ 刚开始的时候可以稀一点，之后尽量调稠。

用开水冲米粉吗？ 冲调米粉的水温最好在70℃左右，如果用奶冲调，40~60℃就可以。

米粉不像奶粉，可以吃得更随意，妈妈们不用太紧张。出于食物多样化的考虑，糕妈建议多给宝宝食用不同谷物的米粉。

● 煮出适合宝宝喝的粥

粥也是不错的辅食，十倍粥就是1杯米+10杯水熬煮的粥，七倍粥、五倍粥同理。宝宝最初吃的是十倍粥，之后会越来越稠；到10个月以后，宝宝就可以尝试软饭了。

给宝宝煮粥不一定要用白米，也可以加小米、燕麦等各种杂粮，前提是要一种一种先单独试过，确定宝宝不会过敏才可以混着一起煮。

不能光给宝宝吃粥哦，自制的粥不如市售的米粉营养全面。如果宝宝不爱米粉爱吃粥，那就要注意搭配不同种类的肉泥、菜泥。

辅食保存及加热的方法

储存辅食有诀窍

宝宝的胃口很小，妈妈做一次辅食，就够宝宝吃好几顿的。为了节省时间，减少浪费，妈妈们可以在做完辅食后，尽快（2小时内）把不吃的辅食冷却并储存起来。

1.把冷却后的辅食装在干净的辅食冰格里，盖好盖子，放入冰箱冷冻。注意不要装得太满，因为食物冻结后会膨胀。

2.辅食冻成块后，按宝宝一餐的食量分装到不同的冷冻袋里，贴上标签，写好日期。冷冻（−18℃或以下）可保存2个月。也可把辅食装进干净的密封容器内，放进冰箱冷藏，4℃或以下可保存2天。

3.注意冰箱不要塞得太满，应留出循环空间，保证制冷效果；生、熟食物应分开放置，熟食在上，生食在下。

4.烹饪过的蔬菜（尤其是叶菜类），不宜储存，最好现做现吃。

辅食如何加热？

如何解冻、加热食物，也是很有讲究的。要知道，冰箱并不是保险柜。低温环境只能延缓细菌的生长速度，并不能杀灭细菌。另外在食物解冻时，细菌也会继续繁殖。所以，如何给辅食加热，也值得妈妈们好好学习。

冷冻过的辅食，可以在前一天晚上放入冷藏室解冻；也可以连冷冻袋一起，放在冷水中解冻，每半小时换一次水。不要在室温下解冻，也不要用热水解冻，否则细菌会快速繁殖。

冷藏过或解冻好的食物，一定要彻底加热，以杀灭细菌。

不建议用微波炉加热。如果用微波炉解冻、加热辅食，应将食物装在干净容器内（玻璃或陶瓷碗），盖好盖子。其间要取出食物搅拌，使受热均匀。这点很重要，既能避免食物局部过热烫伤宝宝，又能充分加热杀灭细菌。冷藏食物加热需达到中心温度70℃以上才可充分灭菌。加热完成后，要冷却并试过温度后再给宝宝食用。

TIPS

解冻过的食物如果没有吃完，应该扔掉。不能再次冷冻、加热给宝宝吃。

PART 03

辅食常见误区

你中招了吗?

你知道吗,"不吃盐没力气"的说法并没有科学依据,"过敏食物延迟添加"的说法也已经成为过去时……如果给宝宝添加了错误的辅食,还可能"好心办坏事",耽误宝宝的营养大计。

宝宝到底吃了多少盐，99% 的妈妈都不清楚！

　　盐作为百味之首，在日常烹调中必不可少。每个人都需要盐，只是婴幼儿作为比较特殊的群体，他们的需盐量不同于成人。

● 走出宝宝吃盐的误区

误区 1：不吃盐腿脚没力气

　　首先宝宝的发育时间、顺序有差异，学会爬行、走路的时间本来就有先后。孩子走路晚，和吃不吃盐是没有关系的。对于一个生长发育正常的宝宝来说，运动能力发展滞后，家长们更需要反思的是：有没有给他提供一个安全自由的环境，让他爬行和探索。

误区 2：辅食味道"不好"，宝宝不爱吃

　　老人们总是希望宝宝多吃点儿，认为食物里加点盐、酱油，味道会更好，宝宝就更爱吃了。实际上，宝宝的味蕾比成人敏感得多，即便是清汤寡水，他们也能吃得津津有味，所以不要以成人的口味来替宝宝做判断。对宝宝来说，食物的原味就是最好的美味。

盐

宝宝为什么要少吃盐

食盐中含有钠，钠主要通过肾脏代谢。在宝宝的肾脏尚未发育健全的时候，摄入过多的盐分会加重肾脏负担。即便是成人，高钠的饮食也会引发诸多健康问题。此外，盐分摄入过多，还会抑制钙的吸收，有些宝宝个子小也和这个有关系。总之，帮助宝宝从小养成清淡的口味，会使宝宝终身受益。

不同年龄段的宝宝，究竟能吃多少盐？

宝宝需要多少盐

根据2016版的《中国居民膳食指南》，不同年龄段的宝宝每日钠的适宜摄入量如下：

年龄	钠的每日适宜摄入量	折算成盐
0—6 个月	170 毫克	0.4 克
7—12 个月	350 毫克	0.9 克
1—3 岁	700 毫克	1.8 克
4—6 岁	900 毫克	2.3 克

注：1克钠可折算为2.5克食盐。要想把钠折算成对应的盐，只需将钠含量乘以2.5。

所有的宝宝都需要摄入钠元素，但是补钠并不等同于吃盐。因为除了食盐，还有很多天然食物能为宝宝提供充足的钠。

1岁以前都不用加盐

0—6个月的宝宝

以喝母乳或配方奶为主。母乳可以满足宝宝对钠的需求，配方奶中的钠含量比母乳更高，所以宝宝只要喝饱奶就可以了。

7—12个月的宝宝

这个阶段的宝宝对钠的需求量比之前高出了1倍，但小家伙的美食版图也在迅速扩张。妈妈们在制作辅食时，同样不需要额外给宝宝添加盐等调味品，只要饮食均衡，宝宝完全可以从母乳、配方奶以及其他天然食物中获得足够的钠。比如1个鸡蛋含钠131.5毫克，100克新鲜瘦肉含钠57.5毫克，100克新鲜海虾含钠302.2毫克。

1岁以后可以少量加盐

理论上，1—3岁的宝宝每天需摄入1.8克盐。那1克盐究竟有多少呢？按体积算的话，大概只有1粒黄豆（泡过的）或者2粒豌豆那么点儿。容量1毫升的普通量勺量出的盐大约有1.2克。如果用宝宝吃饭的小勺来衡量，也只有浅浅的小半勺。

如果家里有厨房秤，妈妈们可以一次量出宝宝1周或1个月的用盐量，放在宝宝专用的调味罐里，每次做饭都从这个罐子里取盐，这样可以较好地控制盐的摄入量。不过，量取的时候一定要打个折，因为很多常见食物中存在着大量的"隐形盐"。

● 宝宝到底吃下了多少"隐形盐"

糕妈一直建议3岁以下的宝宝应尽量少吃盐，甚至可以不吃。因为很多食物都隐藏了大量的盐分，宝宝在不知不觉中就把钠超额补足了。

隐形的高钠食物，让你大吃一惊

食物	每100克/毫升含钠量（毫克）	食物	每100克/毫升含钠量（毫克）
鸡精	18864	儿童水饺	833
味精	8160	龙须面	711
老抽	6910	豆腐干	690
蒸鱼豉油（酱油）	6160	油条	585
豆瓣酱	6012	比萨饼（夹奶酪）	533
番茄沙司	3320	火腿干酪三明治	528
甜面酱	2097	咸面包	526
沙拉酱	746	梅肉（蜜饯）	9593
花生酱	520	儿童泡面	2220
虾米	4892	火腿肠	1100
低脂奶酪	1685	肉脯	953
儿童鱼酥/肉酥	1400	香葱饼干	658
鱼丸	854		

警惕"隐形盐"的陷阱

1.味精、鸡精、酱油等调味料都是"隐形盐"的重灾区，千万别不把它们当盐用。

2.别迷信"儿童酱油""儿童肉松""儿童泡面"等字眼，有些儿童食品的钠含量甚至比成人食品还要高。

3.海产品（尤其是干货）、汤羹的含钠量都不低，给宝宝吃的时候一定要注意控制量。

4.很多没有咸味，甚至吃起来甜甜的食物一定要小心，比如面包、饼干、肉脯、肉松、各种红烧菜等，这些食物中的盐分并不低。

5.学会看外包装上的营养标签。钠含量那一栏的NRV%超过30%的都要提高警惕。购买前，记得要把钠含量换算成每100克食物的含量。

TIPS

完全不加盐，那宝宝会不会缺碘呢？《中国居民膳食指南》指出，宝宝1岁前可以通过母乳获取足够的碘。宝宝半岁后，也可以从辅食中补充碘。

1岁以后，宝宝开始尝试家庭食物，补碘最好的方法就是多吃含碘食物，比如海带、紫菜、贻贝等。少量摄入碘盐，并且严格控制"隐形盐"的摄入，这样就能做到"限盐补碘"两不误。

怎样添加辅食不易过敏？
宝宝湿疹需要忌口吗？

很多妈妈谈"过敏"色变，忌口或推迟添加辅食仿佛成了防止过敏的万用法则。如何给宝宝添加辅食不易过敏，发生过敏后又该如何应对呢？

过敏食物的添加顺序

既往的观念认为，辅食都是要循序添加的。一些育儿专家提倡：为了减少过敏的发生，建议8个月再添加蛋黄，1岁后再吃带壳的海鲜、花生及其他干果。

然而科学也是有"保质期"的，很多旧的理论在新的研究下可能就会被推翻或修正。美国儿科学会等机构发布的最新信息表明，为了预防过敏而推迟接触高过敏类食物是没有根据的。加拿大儿科学会、澳大利亚国家健康与医疗研究委员会也已明确：6个月开始加辅食，就要开始加肉、菜、谷物、水果（种类顺序不分先后），不停尝试新食物，尽快丰富种类。遵循一定的添加顺序是毫无必要的，但要注意辅食必须包含高铁食物（高铁米糊、肉等）。

过敏食物有哪些，想要添加怎么做？

较容易引起过敏反应的食物：牛奶和乳制品、蛋、花生、鱼、甲壳类海产、坚果、豆类。

宝宝尝试易致敏的食物，如何掌握分寸？

宝宝尝试新食物时只吃很少量，观察2~3天，没有过敏反应的话再逐渐加量。如果遇到过敏的食物，可暂停食用这种食物，等过敏症状完全消失后再继续添加其他新食物，不必因噎废食。

易过敏的宝宝，需要回避"可能会过敏"的食物吗？

妈妈们从不容易过敏的食物开始添加肯定是对的，但是一定要谨记，尽早为宝宝引入丰富的食物非常重要，不需要刻意回避"可能会过敏"的食物。延迟或避免食用这些食物，并不能降低异位性皮炎（湿疹）或过敏性疾病的可能性。容易过敏的宝宝，更应该保证食物的多样性，尝试过才知道会不会过敏。"怀疑某种食物过敏"而避免食用毫无意义，还错失了宝宝获得丰富营养的机会。

● 食物过敏的表现是怎样的？

身体对某些食物不正常的免疫反应，可能在进食后数小时内或数天后出现。

急性过敏反应会在几分钟到2小时内出现症状：

1.风疹块（荨麻疹）、湿疹恶化；

2.眼、脸、舌、嘴唇肿胀；

3.腹泻、呕吐；

4.呼吸困难、休克，不常见但较为严重。

迟发型过敏反应一般在2~72小时产生症状：

如腹泻、腹痛、便秘、便血、呕吐、腹胀、哭闹不安、湿疹，甚至拒食等。

食物不耐受

食物不耐受是指孩子在进食某种新食物时，出现皮肤轻微红疹，小红点点。这种情况可以暂停这种食物，过一周后再尝试。

如何区分食物过敏还是食物不耐受？妈妈们可以观察宝宝对新食物的反应。过敏可以考虑停食3个月再做尝试；如果只是轻微的不耐受，过一周后就可以尝试了。

TIPS

很多保守的妈妈出于"安全第一"的考虑，不愿意接受这个"不管顺序"的新观点，糕妈也能理解。可以按照你觉得安全的顺序添加，毕竟妈妈的感受和安心也是很重要的。

宝宝湿疹需要忌口吗?

真正由过敏引起的湿疹是少见的

提到湿疹，很多人的第一反应通常是"食物过敏"，处理方式就是忌口再忌口。其实，湿疹的成因多种多样，包括遗传因素、皮肤屏障、环境诱因、免疫失调等，真正由食物引发的湿疹仅占一部分。至于食物过敏加重湿疹的情况，通常是速发性过敏反应，发生在进食后2~6小时。

忌口不是应对湿疹的好办法

美国儿科学会指出，湿疹是一种慢性病，需要遵循医嘱持续护理，而不要急于把宝宝"治好"。湿疹治疗的关键是做好皮肤的护理治疗，沐浴和保湿是肌肤保养的基础，首选治疗方案是使用局部激素类药品，其次使用局部调节免疫类药品，还可在医生的指导下应用冷湿敷疗法、口服抗生素、尝试漂白浴或口服抗组胺药物。

过分强调食物过敏致使饮食被限制，容易导致潜在的营养问题（如蛋白质、微量元素摄入不足或缺失），还会误导父母的治疗方向，反而忽视了真正的治疗。6个月以内的母乳宝宝，出现轻微的过敏不必过于担心，做好护理通常就可以自愈。母乳妈妈不需要忌口，也没有特别的饮食禁忌。比较严重的湿疹，应在医生和营养师的指导下进行食物回避和对症治疗，而不是盲目地回避所有的荤菜，仅仅吃素。这样造成宝宝营养素缺乏所带来的危害，远远超过湿疹本身。

不知道这个，
给宝宝吃得再饱也没用

妈妈们如何明智地选择食物，让宝宝不仅能吃饱，而且吃得有营养呢？这就需要先了解一个概念：营养密度。

● 营养密度是什么？

我们通常所说的"营养"，其实是指"营养素"，也就是为了维持正常的生长发育和健康状况，必须从食物中摄取的物质。营养素可以分为七大类，包括碳水化合物、脂肪、蛋白质、维生素、矿物质、水和膳食纤维。

营养密度指的是：食品中以单位热量为基础所含重要营养素（维生素、矿物质、蛋白质）的浓度。简单来说就是，同样热量的食物，里面重要营养素到底有多少。

宝宝生长发育很快，需要大量、丰富的营养素；但宝宝的胃口却不大，能吃进去的食物很有限。如果不给宝宝吃"对"的、营养密度高的食物，不仅会影响宝宝的正常生长发育，还很可能会吃成个小胖子，埋下健康隐患。

喂养不当，可能导致食物营养密度不够高

误区一：认为汤比肉更有营养

汤的主要成分是水，没什么营养，还会喝下去很多盐分。比如吃100克鸡肉可以补充约20.9克蛋白质、16毫克钙，而喝100克鸡汤就只能获取1.3克蛋白质和2毫克钙。所以，给宝宝喝一大碗汤，还不如吃几块肉来得更有营养。

误区二：白粥非常有营养

老人往往觉得，刚开始添加辅食的宝宝，喝粥是最好的。其实粥所含的重要营养素（蛋白质、维生素、铁等）非常有限，根本无法满足宝宝生长所需的营养，而且很占肚子。刚开始添加辅食的宝宝，应该选择强化铁的婴儿米粉。如果一定要给宝宝喝粥，在粥里加点菜和肉，营养会更均衡、更全面。

误区三：光吃米粉就行，不必再吃其他辅食

米粉虽然比白粥有营养，但主要原料仍是大米，并不能满足宝宝生长发育所需的全部营养。所以，要尽可能为宝宝提供丰富的食物，保证营养均衡摄入。辅食多样化，还能促进宝宝味觉、咀嚼能力和进食能力的发展。

● 给宝宝这样吃，更健康更聪明

明白了高营养密度食物对健康的重要性，平时妈妈们在食物选择上，还要注意什么呢？

1.要多吃的： 全谷物食物、牛奶和乳制品、瘦肉、海鲜、鸡蛋、豆类和坚果（磨碎后给宝宝吃），以及颜色鲜艳的蔬菜和水果，如菠菜、胡萝卜、草莓、橙子等。

2.适量吃的： 淀粉含量高的蔬菜，如土豆、玉米等要适量食用，避免摄入过多热量。

3.要少吃的： 卡路里含量高，饱和脂肪、反式脂肪含量高，精制糖含量高的食物，以及加工类食品（如饮料、糕点、薯片等）要少吃。这些食物不仅没营养，还容易长胖。

这些"坑娃"辅食，
你还在喂给宝宝吃吗？

很多老一辈流传的辅食，比如米油、骨汤等，大多已经过时，甚至是需要纠正的。很多"坑娃"辅食，科学已经证明是错误的，但依旧广为流传。这些错误的辅食你还在喂给宝宝吃吗？

● 骨汤补钙

老人们常说，"喝汤补钙"，认为汤是特别滋补的食物。骨头虽然含钙，但其中的钙不溶于水。按照中国营养学会推荐的每日钙摄入量800毫克，换算成骨头汤的话得喝几十升。所以说，给宝宝喂的鱼汤、肉汤，或用骨头汤冲米粉都是典型的"坑娃"辅食。

其次，汤的营养价值并不高，更主要的问题在于其脂肪、盐分过多，而真正有营养的蛋白质绝大多数保留在肉里。乳白色的汤里除了有大量脂肪与少量可溶性蛋白质外，其他营养成分极少，且含有大量的饱和脂肪酸、胆固醇和嘌呤，可以说是典型的垃圾食品。骨汤唯一的优点是美味，这是因为汤中有少量的含氮浸出物。

● 红枣补血

每100克干红枣的含铁量平均只有2毫克，而每100克猪肝的含铁量可达到25毫克以上，每100克油菜的含铁量可以达到3毫克。有关红枣补铁、补血的说法大概只是出于"红"的联想，并没有医学和营养学的依据。

把红枣作为一种普通食物添加到辅食里是有益的，但若用红枣来"治疗"宝宝的贫血，就真的是坑娃没商量了。宝宝发生贫血后，应多吃一些红肉、动物肝脏等含铁量较高的食物。若医生建议额外补充铁剂，应该予以补充，这跟吃药是两码事儿。

果汁、菜水补维生素

宝宝满6个月后，为了帮助宝宝补充维生素，需要添加水果和蔬菜，但应该是研磨成泥状的果泥、菜泥，而不是果汁或菜水。

果汁香甜可口，喝惯了果汁的宝宝拒绝饮用白开水是很自然的事儿。鉴于肥胖和龋齿的风险，所有含糖饮料都不推荐给宝宝饮用。

菜水、菜汁中维生素、纤维素的含量非常少，给宝宝喝菜水，喝下去的基本上是水，营养成分很有限。并且蔬菜经过水煮后，蔬菜上的农药、化肥、有害菌、草酸会溶于水中，非常不利于宝宝的健康。正确的做法是，焯烫蔬菜的水不要，捞出蔬菜研磨成菜泥作为宝宝的辅食。

万能的鸡蛋

鸡蛋是优质蛋白质的来源，蛋白质含量占13%左右；维生素含量丰富，种类齐全，含有维生素A、维生素D、维生素E、B族维生素、维生素K等。鸡蛋制品易于烹饪和消化，是婴幼儿常见的辅食。

鸡蛋

传统观念认为，多吃鸡蛋是最养身、最健康的做法。有的家长每天都给宝宝吃3~4个鸡蛋，而其他品种的食物吃得很少，这样就容易造成营养摄入不均衡。《中国居民膳食指南》推荐6—24个月婴幼儿每天蛋的摄入量为25~50克/天，不要摄入过多的鸡蛋。

瘦肉、禽类、鱼、蛋，都是蛋白质含量较高的食物，且各有侧重，在宝宝的辅食里均衡添加这些高蛋白食物，同时与碳水化合物类食物（米粉、粥、面）、蔬果类均衡搭配，才是科学、健康的辅食。

同理，如果只注重蔬菜（维生素）却忽视米粉（碳水化合物），也是不妥的。碳水化合物是婴儿最容易吸收、最重要的能量来源，是宝宝辅食的主力军。

合理搭配、营养均衡是添加辅食的重要原则，妈妈们可以先规划好一周要让宝宝吃到的食物种类，然后每天记下宝宝食用的种类，这样就能轻松保证宝宝饮食的均衡、多样化。

超市里买的"儿童食品"，
真的适合儿童吗？

为了更好地选购儿童食品，除了要学会看懂营养标签，还要警惕别被一些文字误导，比如"儿童专用""无糖""含乳饮料"等。妈妈们要理性地为宝宝选购食品。

● "儿童专用"并不一定适合儿童

给宝宝选购食品，我们常常会选"儿童专用"的，比如"儿童奶酪""儿童饼干""儿童榨菜""儿童肉松""儿童酱油"……这些儿童食品通常价格偏高，而实际上却并不是儿童真正该吃的食品。糕妈曾仔细对比儿童酱油和普通酱油的配方和营养成分表，发现两者并无明显的区别；配料表里，不外乎水、大豆、小麦、食用盐以及一些食品添加剂，而营养成分表中能量、蛋白质、脂肪、碳水化合物和钠的含量也没有明显的差异。有些儿童酱油会比普通酱油多一种食品添加剂——三氯蔗糖，这是一种甜味剂，只是为了迎合孩子爱吃甜的口味。

"儿童挂面""儿童水饺"也是一样。妈妈们在给宝宝选购面条的时候，别光顾着看"儿童"字样，一定要注意看配料表，尽量选择没有盐或者含盐量很少的意面、挂面。

一些儿童食品只是做的口味更好了；这个"口味好"，反而意味着更不健康。比如"儿童奶酪""成长奶酪"，其盐、糖含量高，添加剂多，根本不适合给宝宝吃。所以，妈妈们千万不要被"儿童"字眼所迷惑，看清食物标签才是硬道理。

"无糖"食品也有"隐形"糖

大多数妈妈都知道，糖吃多了，对身体不好，于是各种无糖食品应运而生。无糖食品并非真的"无糖"，而是糖的含量低于标准值，也就是每100克或每100毫升食品中糖含量等于或低于0.5克。虽然没了蔗糖，但是被阿斯巴甜、甜蜜素、木糖醇、麦芽糖醇、糖精钠等甜味剂所替代，这些甜味剂本质上都是"隐形糖"。

美国一项研究显示，长期饮用"无糖"饮料的人体重增长的速度比普通人更快。需要特别说明的是，代糖阿斯巴甜成分在英国是禁止在2岁以下的婴幼儿辅食中添加的。其他甜味剂虽没有明确指出不可食用的年龄段，但家长也要格外注意，不能盲目购买。

含乳饮料≠乳制品

一些酸甜口感的含乳饮料很受宝宝的欢迎，不少人会误以为含乳饮料就是乳制品。属不属于乳制品要看蛋白质的含量，如果每100克产品中蛋白质含量在2.3克以上，即属于奶或者调制乳；如果蛋白质只有1.0克或者更低，那只是含乳饮料，并不是乳制品。

含乳饮料的营养是远远不及乳制品的，并且还含有大量的糖分和食品添加剂，宝宝饮用后并没有什么特别的好处，还会增加蛀牙的风险，所以不建议给宝宝喝。

100%果汁、果汁饮料、果味饮料、水果饮料，傻傻分不清

新鲜水果在榨汁过程中，纤维素大量流失，剩下大量的糖分。所以，果汁尽量少给宝宝喝，如果喝的话，尽量选择不额外添加糖分和其他添加剂的。

复原果汁

超市里"100%果汁"和"纯果汁"是最吸引人的，配料表上面基本写着水、某种水果的浓缩汁。这种果汁叫作"复原果汁"，是先从果汁中除去一定比例的水分，将其变为浓缩果汁，便于保存和运输；之后再添加适量的水分将其还原成与原果汁成分比例相同的饮品。

果汁饮料

果汁饮料是在果汁或浓缩果汁的基础上添加水、白砂糖、食品添加剂和食用香精等配制而成的饮料。我国对果汁饮料中果汁的含量是有要求的，至少要达到10%才可以称为"果汁饮料"。

果味饮料

果味饮料，是水果味的饮料，实际上它所含的果汁成分很少，甚至为零，主要是以糖、甜味剂、酸味剂和食用香精为原料调制而成。

水果饮料

水果饮料介于"果汁饮料"和"果味饮料"之间，果汁含量在5%~10%之间。它的配料包括水、白砂糖、浓缩果汁，还有一些食品添加剂。

这四种饮料，虽然仅是一字之差，营养却是天壤之别。妈妈们在挑选时不要犯难，糕妈告诉大家一个简单直观的选择顺序：复原果汁→果汁饮料→水果饮料→果味饮料。即使是100%的果汁，美国儿科学会也建议1—6岁的孩子摄入量不超过125~175毫升/天，1岁以下婴儿禁用。

要想宝宝吃得好，
这些零食不可少！

在很多妈妈的眼里，零食被归为"垃圾食品"，对奶奶经常偷着给宝宝零食的行为很是无奈，而偶尔看着宝宝吃零食满足的样子又有些心软。零食真的是十恶不赦吗？有没有健康的零食可以放心让宝宝吃呢？

抛开偏见：给零食正确定义

对于宝宝来说，3次正餐并不能满足他一天的能量所需，需要在正餐之间，再为宝宝提供2~3次的零食/点心。

如果没有及时为宝宝加零食/点心，他会因为饿了而发脾气；如果正餐时恰好没胃口，也会影响营养物质的摄入。适时地提供健康的零食，有助于平衡不规律的饮食，让宝宝顺利度过两餐间隔，防止他们因为太饿而变得暴躁。

理解万岁：没有零食的童年是不完整的

如果你仔细回想一下，你会发现好吃的小零食，真的是童年美好时光中很重要的一部分。美味的小零食带给孩子们的快乐和满足感，是大人们很难想象的。爱吃零食几乎是每个宝宝的天性，就像大人们也难以拒绝甜品、烧烤的诱惑。但这并不意味着，零食可以随便吃。

智慧妈咪：给宝贝准备健康的零食

作为善解人意的智慧妈妈，你可以给宝宝准备一些健康的零食：

1.切成薄片的新鲜水果。水果中维生素含量丰富，在众多水果中，一定能找到你家宝宝爱吃的。

2.无糖的酸奶，低钠的奶酪。这两种奶制品，只要满6个月的宝宝就可以少量尝试，还能帮助宝宝补充钙质。

3.低糖的全谷物麦片。将麦片泡在牛奶里，也是很不错的点心。

4.全麦面包，低糖低盐的饼干。饼干面包是缓解饥饿感的理想零食，但一定要看成分表，喜欢烘焙的妈妈们还可以自制健康的面包和饼干。

给宝宝准备的零食不用太大份，比如50克干麦片+120毫升牛奶，或是1/2根香蕉+1小碗酸奶，就是一顿很好的点心了。如果是固体食物，可以切成小块状，方便宝宝用手抓取。

TIPS

碳酸饮料（汽水）、果汁、高糖饼干、加工食品、果冻这5种食品，是最糟糕的零食，不建议给宝宝多吃。

走出误区：这些做法错错错！

任何时间都能吃到零食

零食和点心虽然在正餐之外，但也应做到定时定量。把点心时间列进每日的喂养计划中，和睡觉、吃饭一样，这样有利于宝宝养成良好的饮食习惯，让肠胃更健康。如果放任宝宝不停地吃零食，不仅会影响正餐，也会让宝宝失去感受饥饱的能力，这对他们的健康并无好处。

只给他喜欢的食物

有些宝宝比较挑剔，只喜欢吃少数几样东西。如果仅仅为了宝宝吃得开心，只提供他喜欢的食物，长此以往就会导致宝宝摄入的营养不够全面。

妈妈可以在零食时间给宝宝提供他喜欢的食物和一种新食物作为零食，即使被拒绝，还是要坚持给宝宝新的食物。孩子不接受新的食物是很正常的，家长们要坚持不懈地尝试，这个过程可能需要重复10~15次，他才会慢慢接受。

用零食来奖励孩子

用好吃的零食奖励、收买、安抚孩子都是严重错误的行为，这会给宝宝一个误导："零食比其他健康食物更好。"而熊孩子们，很快就学会把零食当作谈判的工具。宝宝更需要的奖励是你的表扬、拥抱和亲吻，给他讲故事、带他到公园玩耍也是不错的方法。

TIPS

对于不想让宝宝吃的零食，只要让它们在家里消失，就对了！家长要以身作则，不要看见好吃的零食就想买，还要请爸爸和爷爷奶奶、外公外婆一起来帮助你，给宝宝营造一个健康的零食环境。

宝宝没有牙齿，
不能咀嚼硬食吗？

最初添加的辅食，必须是泥蓉状的食物，而且越细越好，以免粗糙的食物刺激宝宝幼嫩的胃肠道。

随着宝宝月龄增大，泥状食物吃了一段时间后，就要及时调整食物的形态，逐渐过渡到碎末状、小块状的食物。如果不及时调整食物性状，宝宝月龄大了之后，没嚼头的不愿吃，有嚼头的咽不下。延迟为宝宝引进固体食物，容易引起以下这些后果：

1.影响咀嚼能力。长期吃泥状食物，不利于宝宝咀嚼能力的锻炼。

2.容易引发营养不良。宝宝摄入食物不丰富，致使宝宝可能缺乏生长所需的营养素，比如铁、锌等，从而影响身体发育。

3.影响健康饮食习惯的养成。宝宝会较难适应多种食物的饮食方式，易导致偏食或其他进食问题，比如抗拒质感粗糙的食物。

4.影响语言能力发展。不锻炼咀嚼能力，宝宝的嘴部肌肉群得不到锻炼，会影响吐字发音，语言发展也会受阻。

有的妈妈会问，宝宝的牙齿都没出几颗，怎么咀嚼呢？宝宝没有出牙并不代表宝宝没有牙齿。宝宝的牙齿包在牙床里，7个月时已经足够坚硬了，可以咀嚼食物。所以，妈妈要及时为宝宝调整食物的形态。

PART
04

每个孩子
都能好好吃饭

吃饭本是一件愉快、幸福的事情，可是很多家庭到了饭点，小餐桌就变成了战场。父母们为了让孩子多吃一点，每天都煞费苦心，变着花样准备辅食，生怕宝宝不爱吃、吃不多；家长累，宝宝也烦。其实，每个宝宝都能好好吃饭，关键是要从小养成吃饭的好习惯，让他学会享受吃饭的乐趣。

培养合格的小吃货，
从养成好习惯开始

定时进餐

让宝宝养成定时就餐习惯，并且定时供应早、中、晚三顿正餐和2~3次点心，每餐相隔2~3小时。点心和零食不要给太多，要严格限制果汁。尤其要注意的是，吃饭前不给宝宝吃零食，饥饿能让宝宝把注意力放在吃饭上。

餐前"热身"

进餐前先清洁宝宝的小手和脸，让他习惯完成一些固定的活动，比如戴上围嘴、与他说笑、谈谈食物，这样宝宝就有"要吃饭了"的心理准备。让他适应有规律的生活，有助于养成良好的饮食卫生习惯。

让宝宝有一个固定座位

给宝宝一个固定的座位，安全而舒适的餐椅，记得系好安全带。餐椅要和家长的视线保持同一高度，以便随时观察宝宝的表情和反应，及时帮助宝宝。

移开干扰

吃饭时要避免宝宝分心，电视和玩具是需要远离的。不然会让宝宝养成不愿意自己进食的习惯。只有专心吃饭才能享受美食。此时家长以身作则非常重要，如果自己玩手机、看电视，宝宝一定有样学样。

限定每次用餐的时间

宝宝一般会在15~20分钟内吃饱，可以跟大一点的宝宝定下"就餐时间是30~45分钟"的规矩。时间过了，就要收掉食物和餐具，让他离开餐桌，不加任何批评，但不要因为"担心他饿"，就给他更多的零食。

逐渐加入家庭饮食

给宝宝添加辅食，是让宝宝从液体食物向家庭饮食过渡，早日成为家庭餐桌上的一员。和爸爸妈妈一起吃饭，不仅能增加宝宝吃饭的兴趣，减少挑食，还有助于养成良好的吃饭习惯和餐桌礼仪。

当宝宝有了一定的咀嚼能力之后，可以从大人的饭菜中盛出一部分，用辅食剪弄成小块给宝宝吃；或是烹饪家庭食物时，为宝宝预留一部分（煮得更烂、少放调料）。这样还能减轻厨房工作的负担。

宝宝吃饭时这样"调皮"，可以随他去

1.**抢勺子**。如果勺子是适合他用的，就让他拿去，用另一支勺子喂他。不必非要制止宝宝，或认为他不爱吃饭。

2.**敲勺子**。宝宝在吃饭时用勺子敲打是一种常见的探索行为，不必介意。如果敲打动作骚扰到他人，可以先分散他的注意力，然后拿走勺子，而不要指责或教育宝宝。

3.玩食物。 宝宝在吃饭的时候好像在"玩"食物，这时候不要制止他，因为宝宝能通过抓、捏、舔甚至扔，来了解食物的不同特点，这是一个重要的学习过程。喂饭时，先主动呼唤他，让他看到勺子里的食物，他张口时再继续喂。如果他只顾"玩"，不愿继续吃饭，甚至重复扔食物，那表示他已经吃饱了。

TIPS

宝宝都是"机灵鬼"，他有时会故意在饭桌上制造各种状况，无非是想要吸引爸爸妈妈的注意。如果跟他一起嬉皮笑脸，或者拉下脸骂他，都只是刺激他的表现欲而已。

你需要做的是，冷静地告诉他："食物是用来吃的。如果你继续扔/吐食物，妈妈就要把它拿走了，那样你就要等到晚上才有东西吃哦。"不含敌意的坚决，只要你能做到，孩子就能做到。

想要宝宝爱上吃饭，
妈妈需要怎么做

在很多家庭里，家长们都把"吃饭"当成一件"苦大仇深"的事情，提到喂饭就叫苦不迭。越是这样，越应该把进餐变成一件愉快的事情。让宝宝学会享受吃饭的乐趣，可以试试以下几种方法。

● 先吃辅食后喝奶

不爱吃辅食的宝宝，应在喂奶前先喂辅食。如果先喂奶，宝宝有了饱腹感，就更不愿意吃辅食了。

● 由宝宝主导进食节奏

1.根据宝宝的节奏来，喂辅食的速度要合适；

2.当宝宝注意力转移时，要呼唤他看到食物；

3.当宝宝发出"吃饱了"的信号，要尊重他的意愿；

4.宝宝对勺子和食物产生兴趣时，可以让他尝试拿起勺子或自己拿着食物吃，并给予适当的协助。

● 让吃饭变成一件有趣的事

1.平和的情绪、微笑的神情有助于宝宝放松心情；喂饭时与宝宝谈论一下食物，也会让宝宝增进食欲。

2.在宝宝面前，对食物采取赞赏的态度，引导他接纳食物，尽量不要说食物的"坏话"。

3.宝宝吃饭时喜欢跟你沟通，你应该积极回应他，这样宝宝会吃得更愉快。还可以玩"宝宝吃一口，妈妈吃一口"的游戏，增加吃饭兴趣。

4.积极鼓励。鼓励宝宝多尝试，当他吃饭有进步时，就要马上表扬，例如，"宝宝都会用勺子吃饭啦，真棒！"

5.尊重孩子的意愿，不要强求和苛责，否则宝宝可能会觉得压力很大，反而讨厌吃饭。

6.对于宝宝不愿意吃、抗拒的食物，可以采取送些卡通贴纸小星星的奖励法，但不可以用糖和零食来说服他。

宝宝更愿意吃妈妈的食物

有时候宝宝更愿意吃大人碗里的东西，但大人的饭菜对宝宝来说可能过于"重口味"。这时妈妈可以先把辅食放在自己碗里，然后从碗里舀出来给宝宝，这样可以让宝宝对食物产生好感。

TIPS

鲜艳、漂亮的餐具能激发宝宝的用餐兴趣，把餐具当玩具玩能让宝宝对餐桌、食物更有感情。任何事情，让宝宝先从心里接受，他才能从行为上改变，养成良好的习惯。

做好这几步，
你家宝宝也能爱上自己吃饭

宝宝什么时候可以开始练习自己吃饭呢？从用手抓，到使用勺叉，自己吃饭这项重要的技能是如何一天天练成的呢？

7—8 个月	宝宝会用手把食物放进嘴里，也会拿勺子玩，有时会把勺子放进嘴里。
1 岁	宝宝会把勺子放在食物中蘸来蘸去，再把沾了食物的勺子放进嘴里。之后，他会逐渐掌握如何用勺子舀起食物，舀食物时会用另一只手扶着碗，也能逐渐学会如何使用叉子。
2 岁	宝宝能熟练地使用勺子自己吃饭。

Step 1：手指食物

宝宝7—9月龄开始，就可以用拇指和食指抓起小块食物了。这时妈妈可以为他准备finger food，也就是手指食物。手指食物并不是形状像手指的食物，而是能让宝宝自己用手指抓着吃的食物。宝宝在4岁前都无法完全嚼碎食物，有时根本不嚼整个吞下，所以给他们准备的食物一定要方便咀嚼，易于抓握。另外，最初的手指食物要能在口中溶解，避免噎食的可能。随着宝宝手指能力的进步，要给宝宝提供越来越小的食物。

刚开始可以把蔬菜、水果切成略粗的条状，适合宝宝握在手心里，之后可以切成小条或小块。妈妈要多给宝宝尝试不同的食物，不同的形状，他会给你惊喜哦。等宝宝到了学步期，就可以把任何食物切成能咬的大小给他吃了。

推荐的手指食物：

1.轻微烤过的面包或面包圈，切成小块；

2.去皮去籽的小块水果，如香蕉、杧果、梨、桃、哈密瓜、西瓜；

3.煮熟切成小段的意面，或螺旋状的意面；

4.小块软奶酪；

5.切块的全熟鸡蛋；

6.煮熟的小块蔬菜，如胡萝卜、豆类、西葫芦、土豆、红薯；

7.煮熟的小块花菜或西蓝花的花冠部分；

8.煮熟的小块鸡肉、绞碎的牛肉或其他嫩肉。

面包、饼干

进食手指食物对宝宝来说不仅是一件有趣的事情，也是他走向独立的重要一步。一开始，食物会被宝宝当成玩具，这是很自然的过程，父母不需要阻止或引导，渐渐地宝宝就会把食物往嘴里放了。为了方便清洁，妈妈可以给宝宝围上围嘴，在地上铺上报纸。

Step 2：学习用勺子

宝宝从9月龄开始，就可以尝试学习用勺子和碗了。

1.采用两勺法。刚开始时可以给宝宝一只勺子，妈妈拿一只。妈妈的勺子里放上食物跟宝宝交换，然后帮助他自己吃进嘴里。

2.等宝宝熟悉这个过程后，用另一只勺在他的勺子里拨点食物，让他尝试自己用勺子舀食物吃。

3.学习使用勺子是一个漫长的过程，妈妈们一定要有耐心。当食物掉到地上或弄得一团糟时，也不要责怪宝宝，还要时刻关注宝宝的进食动作，避免呛食、噎着等状况的发生。

TIPS

让宝宝尽早使用筷子好不好呢？糕妈并不建议这样做。因为宝宝太小的时候，手部动作不协调，使用筷子容易把碗弄翻，降低自主吃饭的积极性。另外，宝宝很容易一不小心戳到自己，造成危险。宝宝到了3—4岁，再学习使用筷子也不迟。

为了让孩子多吃点，
你的这些做法都是错的！

每个妈妈都希望宝宝"多吃一口"，身体健健康康的。这个出发点是好的，但若采取了错误的方式反而会适得其反，不利于帮助宝宝养成良好的饮食习惯。

为了让宝宝多吃点的六大错误做法，看看你家"中枪"没？

不好好吃饭，边玩边吃就好了

去商场玩的时候，常常看见小朋友在游乐区爬上爬下地玩耍，而家长追在后面喂饭。追着喂饭是非常不好的，不利于宝宝养成良好的进食习惯。玩耍时孩子咀嚼和吞咽的专注度都会下降，容易发生呛咳，非常不安全，而且容易使消化酶分泌紊乱，造成消化不良。宝宝没胃口、不想吃饭怎么办？那就边看电视边吃吧！讲绘本、搭积木的时候趁机塞几口！如果你这样做过，就要小心啦，很可能会走进"追着喂饭"的陷阱！

用甜食作为"好好吃饭"的奖励

小朋友天生就爱吃甜，适当吃些甜食没有问题。但如果经常用好吃的甜食来奖励、收买或安抚宝宝，是非常不妥的，这会给宝宝带来一个感受，就是"甜食比其他健康食物要更好"。

用甜食作为正餐时间的"贿赂"无异于饮鸩止渴，看起来这餐喂足了，但宝宝很快就学会了这个谈判筹码：不给饼干，我就不吃饭。一旦养成了这个习惯，要想让宝宝少吃甜食、多吃饭，更是难上加难了。

甜食的摄入会产生饱腹感，影响正餐的摄入，造成孩子挑食和厌食。而且过多甜食的摄入容易导致肥胖和龋齿发病率的增高，得不偿失！

● 正餐没胃口，牛奶／点心多吃点

如果宝宝在正餐时间没有好好吃饭，不少家长就会担心孩子饿着，总是想方设法在点心时段多补一点。孩子的健康，跟均衡的饮食是分不开的。水果、牛奶虽然也是健康的食物，但不能代替其他的食物；而且吃得太多会占据宝宝本身不大的胃口，影响其他营养物质的摄入。

所以，妈妈们应尽量保证宝宝均衡的饮食，适量摄入牛奶/点心，千万别喧宾夺主哦！

● 玩得正高兴，强行打断去吃饭

"宝宝吃饭啦，等会再玩啦！""来来来，先吃饭，吃饭要紧！"用餐时间到了，而小家伙正在全神贯注地搭积木，这时候你也是"吃饭第一"，强行打断宝宝抱去吃饭吗？

我们常说要尊重孩子，其中尊重孩子的情绪是非常重要的一部分。试想一下，当你正兴高采烈地玩耍时，被人突然打断，是不是很扫兴、很火大呢？同样，孩子也是如此。正确的做法是在吃饭前10分钟友情提醒一下："宝贝，我们很快就要开饭了哦。你把这个房子搭好，我们就先吃饭，等会儿再来玩。""还剩5分钟了哦。"……

孩子玩得专心的时候，也是培养专注力的好机会。如果没有那么着急，不妨耐心地等一等，让他"善始善终"地把手上的"活"干完。

● 辅食没味道，加点大人的菜汤

咸一点、鲜一点的饭菜，确实能让宝宝"胃口大开"；但吃得过多，也会让宝宝的舌头变得挑剔，之后的饮食难免会更咸，埋下健康隐患。所以，糕妈还要再三强调，不要以成人的口味来解读宝宝，不要什么美味的菜肴都给宝宝尝一口，以后宝宝品尝的机会还很多。在吃辅食的阶段，清淡、少盐、少糖的辅食就是最好的选择。

● 孩子总挑食，只肯吃这几样

只肯吃白米饭，那就顿顿都给白米饭；只爱吃虾肉，就每天千方百计地做虾给宝宝吃。家长们往往抱着"多吃一点是一点"的心态，只要是孩子爱吃的，就毫不节制地提供。再好的食物，也不能包含所有的营养素。父母们在提供宝宝爱吃的食物的同时，也别忘了多给他尝试一些新的食物；食物多样化才能真正喂出健康宝宝！

TIPS

很多妈妈苦恼，宝宝为什么不能好好吃饭？其实妈妈们更应该反省一下，是不是在平日吃饭的时候，因为一时偷懒，没有坚持原则，而"助长"了宝宝一些坏习惯的养成。宝宝的喂养是一项系统工程，从添加辅食的初期开始，就要坚持正确的喂养方式。

宝宝吃得少，
妈妈需正确对待

吃得好不好，吃得够不够，可以说是妈妈们最关心的问题。一旦发现宝宝吃得少，妈妈就会无比担心。就算换着花样做，宝宝依旧不买账，妈妈们该怎么办呢？

● 别人家宝宝吃多少，
不代表自家宝宝就得吃多少

成长对每个宝宝来说都是独一无二的过程，宝宝身体需要的营养各不相同，每餐、每天的食量不同也是正常的。喂养时要遵循宝宝自身的生理发展规律，没必要跟别家宝宝比较。宝宝的食量有多有少，生长速度有快有慢；可能某一阶段慢一些，到下一个阶段成长速度会远远超出你的想象。如果将宝宝喂得过度肥胖，还可能会增加日后罹患高血压、糖尿病、肥胖、冠心病的风险。

如果宝宝食量一直比较稳定，生长发育正常，父母就不要过于担心，把吃东西的权利还给宝宝，吃多吃少让宝宝自己说了算，家长只需准备好适宜、适量、品种丰富、营养均衡的食物。另外，不必坚持让宝宝每餐都吃光盘子里的食物，很多大人都做不到，何况宝宝呢？

如果宝宝确实吃得很少，出现了发育迟缓或消瘦的状况，应带宝宝去儿童保健科和营养科寻求医生的建议，而不要自己随便给孩子"乱补"，以免延误治疗时机。

● 宝宝为什么突然吃得少了？

首先，父母们要知道，孩子不会一直吃那么多。"月龄大了，奶量反而不如以前多了""食量不如前段时间大"，这都是正常的，因为宝宝不是一直在拼命长身体。第一年，大多数宝宝的体重会增加至出生时的3倍。但在第二年，宝宝的体重只会增加3千克，此后就一年涨2千克了。在第一年里，他的身体也不是匀速生长的，生长缓慢的时候，自然不需要那么多"养料"。

其次，很可能意味着，你的小宝宝长大啦。他对周围那些好玩的事情（比如塑料袋、大人的水杯）更感兴趣，他更愿意爬来爬去，而不是在妈妈怀里吃奶或被束缚在餐椅里。他的独立意识逐渐增强，他想自己决定吃什么、吃多少，越来越不想受你的"控制"。

此外，宝宝出牙、生病的时候，都会影响胃口。如果你的宝宝出现了体重不增，甚至下降、消瘦、皮肤干燥、精神状态很差、小便很少很黄等症状，应该及时带他去看医生。通常宝宝恢复健康之后，胃口也会随之恢复；有的宝宝会吃特别多，好像要把落下的都补上。

● 允许宝宝决定自己的食量

就像哺乳一样，吃辅食也要观察宝宝的反应：不想吃或者吃饱的时候，宝宝就会闭上嘴巴、扭头、推开勺子或不愿意坐在餐椅上；而当宝宝身体前倾、小嘴张开，甚至用手抢食物时，则表明"妈妈我还要吃"。

吃多少是宝宝的事，父母要允许宝宝自己决定。倘若干预过多，反而会让宝宝讨厌吃饭。

TIPS

各种糊糊吃得挺好的，却突然不肯张嘴了，这种情况多见于8—9个月大的宝宝。这是宝宝在用他的方式告诉你："妈妈我不想吃糊糊了！我已经准备好吃其他食物了！"

宝宝不愿意尝试新食物，
妈妈怎么办？

很多宝宝对新食物非常"谨慎"，但这并不说明宝宝不爱吃。父母要做的，就是让宝宝的餐桌上经常出现这些食物，和他一起品尝，并鼓励他摸、嗅、尝。但千万不要强迫宝宝吃，终有一天，你会惊奇地发现宝宝自然而然就接受了这种食物。

● 初喂辅食时，
宝宝不肯接受糊状食物怎么办

若宝宝的舌头总是顶着勺子、不会吞咽食物或把食物吐出来，这说明他还没准备好接受固体食物，你可以一周后再尝试。

● 掌握喂的方式，
宝宝更容易接受

给宝宝喂糊状食物时，要掌握正确的喂食方式，这样宝宝更容易接受。

1.做好餐前预备，让宝宝坐好；

2.让宝宝看见勺子里的食物；

3.当宝宝张嘴后，把勺子平放入他的口内；

4.宝宝合上嘴后，以水平方向取出勺子，不要把食物倒在他的口内。

● 让宝宝循序渐进地接受新食物

让宝宝接受一种新食物，可能需要尝试10~15次。妈妈可以采取循序渐进的方法：先让宝宝看到食物的样子，再鼓励他闻一闻，舔一舔。如果他不喜欢，允许他吐出来。当宝宝鼓起勇气吃下了第一口时，要鼓励宝宝，对他说："宝宝吃得真好。"

● 将新食物加在喜欢的食物中

如果宝宝很爱吃番茄，可以把番茄切成粒，和他没吃过的青豆煮在一起，也可以把番茄做成番茄酱，加进其他食物里。搭配喜欢的食物，宝宝很容易"爱屋及乌"，接受新的食物。

● 父母爱吃，宝宝就想吃

宝宝的饮食喜好在很大程度上会受到父母的影响，如果父母不爱吃某种食物，孩子很可能也不爱吃。添加新食物时，父母在宝宝面前津津有味地品尝，他也会对新食物很感兴趣。

宝宝挑食怎么治？
教你 4 招搞定挑食宝宝

宝宝在食物的选择上都有自己的偏好，有的宝宝不喜欢吃绿叶蔬菜，有的宝宝特别爱吃香蕉，有的宝宝不爱吃肉，还有的宝宝只爱吃白米饭或白煮意面……这些都是正常的！

这些"挑食"的行为，很多会随着宝宝的长大慢慢得到改善。还有一种常见的情况是，宝宝有一阵子不肯吃这种食物，过了一段时间就又吃了。

有的妈妈发现，宝宝在1岁之后比以前更挑剔了，有的宝宝在10个月左右就开始挑剔了。这是因为宝宝长大了，想要决定自己吃什么，这是很正常的心理诉求，不要因此给宝宝贴上"挑食"的标签。

● 宝宝挑食的原因

1.尝试的食物品种少。

2.宝宝本身不太容易接受新事物。

3.孩子的味觉非常敏感，尤其是对新食物的质感和味道。

4.零食和奶摄入较多，运动量较少，到了吃饭时宝宝并不饿。

5.宝宝对食物的态度可能受到家里大人的影响，产生抗拒的心理。

宝宝挑食，妈妈如何做

不要过度批评宝宝

宝宝在吃饭这件事，很大程度上会受到大人情绪的影响。妈妈们不必过于紧张，担心宝宝缺营养，只要他生长发育正常、精力充沛、心情愉快，就不需要过于担心，更没必要批评宝宝。批评只会让宝宝对食物更加抗拒，更讨厌。妈妈们需要加强自己的厨艺与引导，让宝宝的餐桌更加丰富愉悦！

在食物的准备上多下功夫

1.种类尽量丰富。给宝宝准备的饮食中要包括一些宝宝喜欢或不抗拒的食物，并增加一些新食物或是他不太喜欢的种类。这样既能让他吃饱，又能接触到新食物。

2.在外形上下功夫。颜色鲜艳的菜式、造型可爱的食物会让宝宝更有食欲。

3.改变烹饪的方式。如果宝宝不爱吃白煮蛋，可尝试水蒸蛋或煎蛋；如果宝宝不喜欢煮软的蔬菜，可尝试将蔬菜剪碎再炒。西餐中的烤、焗、煎等方式，妈妈们不妨大胆地尝试一下。

4.将食材混合处理。用饺子、肉丸、饭团、卷饼、杂烩等方式，把宝宝不爱吃的食材剁碎了混入其他食物里，让他不知不觉地吃下去。再把食物的外形做得可爱一点，宝宝会更爱吃。这个方法对大部分的宝宝都很适用，特别敏感的宝宝可能会不接受，妈妈要酌情处理。

让孩子参与食物的准备

大一点的孩子，可以让他一起参与到食物的准备过程中来。带孩子一起选购食材时，给他一定范围内的选择，"这里的菜心、西蓝花和南瓜都很新鲜，你晚餐想吃哪一个？"准备食物时，也可以让宝宝来帮忙，比如洗番茄、搅拌鸡蛋。吃饭时还可以让孩子选择健康的调味酱汁来蘸食物，比如奶酪、自制的番茄酱、果蓉等，这样宝宝会觉得很有趣，自然而然吃得就多了。

TIPS

对于挑食的宝宝，家长可以试试香港卫生署的建议，把宝宝在一个星期内吃过的食物记录下来，然后根据以下原则进行分析：

1. 给他吃的食物种类是否多样化；
2. 宝宝是不是吃了太多零食或摄入了过多的奶制品。

如果他吃的食物中包括谷物、蔬菜、水果、豆类、肉蛋鱼、奶或奶制品等，而每一类别都有几种食物，那么你可以放心，宝宝不会出现营养不良。

不过，如果孩子长期拒绝吃某一大类别的食物（比如蔬菜或者肉），这样就容易出现营养素摄取不足，家长应及时向儿童保健科医生寻求帮助。

PART 05

让宝宝
正确喝奶、喝水

你都做对了吗？

喝奶、喝水是辅食添加过程中重要的一部分。宝宝该喝多少奶、喝多少水、怎么喝，不是一两句话能说清楚的。并且宝宝是不断成长变化的，喝奶、喝水也要跟着宝宝的变化而调整。给宝宝正确喂奶、喂水，你做对了吗？

母乳喂养，
怎样判断宝宝吃得够不够？

在宝宝6个月内，母乳的营养价值是其他食物无法取代的。那怎样判断宝宝奶吃得够不够呢？

健康足月的宝宝，母乳喂养得好，会有如下表现：

吃奶

1.出生后几周内，每天需要喂奶8~12次，吃完奶后，通常会表现出满足的样子；

2.每个宝宝都有不同的吃奶节奏，他们可能在一天里的某些时间段特别想要吃奶，所以要按宝宝的需要来喂。

小便

1.宝宝出生前几天，尿量比较少，妈妈们不用太担心；

2.宝宝出生后第3天起，如果奶量足够，每天至少会有6次小便，小便颜色透明或呈淡黄色。

大便

1.第一天排出黑色或墨绿色黏状胎便；

2.出生5天内由胎便转为黄色大便；

3.之后大便的质地由最初较稀烂、糊状，逐渐变得柔软及带有小颗粒；

4.出生后3天，每天至少排出3次相当分量的大便（每次不少于1元硬币的大小）。

体重

1.在出生后几天内，宝宝会有轻微的体重下降，但体重减轻不会超过出生体重的10%；

2.经1~2周后便会恢复至出生时的体重，然后体重会以20~30克/天的速率稳步增长；

3.满月时，体重至少增长0.7千克。

乳房

1.全母乳喂养的宝宝，不需要添加配方奶或开水（包括葡萄糖水）。

2.喂奶时，能听到或看到宝宝吞奶；一次喂奶后，一般可以维持宝宝2~3小时不饥饿。

3.吃完奶后，乳房会从胀满状态变得较为柔软。先用一侧的乳房喂奶直到婴儿将其吸空，然后换到另一侧乳房。乳房充分排空是成功喂养的关键。

怎样储存挤出的母乳？

可以使用密封的储奶袋、塑胶或玻璃奶瓶储存母乳。每袋储存的分量最好约为宝宝一餐的食量，这样可以避免宝宝吃剩，造成浪费。

存放温度	储存时间
室温（16~29℃）	3~4小时
冰箱冷冻室（—17℃或以下）	6个月
冰箱冷藏室（2~4℃）	3天

注：不要将母乳靠近冰箱门存放，因为那里温度不稳定，易导致母乳变质。

● 怎样将储存的母乳加热？

　　1.储存在冷冻室的母乳，在饮用的前一天晚上从冷冻室拿到冷藏室；解冻后，在24小时内饮用完。如需加快融解冷冻奶，可用自来水冲。

　　2.储存在冷藏室的话，可以直接把装有奶的奶瓶放进温水中加热至合适的温度（把奶滴在手背上试温，感到暖和便可以了）。加热后的奶须在1小时内饮用完。

奶瓶

添加辅食后，
宝宝该喝多少奶？

奶是宝宝必不可少的营养物质。宝宝添加辅食后，该喝多少奶？随着宝宝的成长发育，奶制品的摄入量和种类又该如何调整呢？

1岁以下的宝宝喝多少奶？

6个月未添加辅食的宝宝，奶量通常在1000毫升左右。添加辅食后，宝宝的需奶量必然会减少，但不能低于600毫升。1岁以内的宝宝，肠胃还没有准备好喝牛奶，必须喝母乳或者配方奶。而且鲜牛奶里的很多营养素含量不足或过多，不适合1岁以内的宝宝饮用。

1岁以上的宝宝喝多少奶？

1岁以上的宝宝，可以吃到营养丰富的三餐，没必要完全依赖奶作为主要的营养来源。宝宝每天补奶量约为300~500毫升，可分两三次饮用。这个年龄段可以尝试用水杯代替奶瓶了。家长也可以用1小杯奶（约120毫升）搭配其他食物，作为宝宝的一份营养早餐或点心。不过，奶量不要过多，否则会影响宝宝吃饭的胃口，导致营养摄入不够丰富。

美国儿科学会建议，1岁以上的宝宝就可以喝全脂牛奶了。对于1岁以上的宝宝来说，牛奶是最好的钙源。1—2岁的宝宝都应该喝全脂奶。另外，家长还可以用乳酪、酸奶等奶制品代替部分牛奶，使食材更多样化。

2岁以上的宝宝喝多少奶？

2岁以上的宝宝，全天需奶量为500毫升。

需要提醒的是，炼奶含糖分较高，不适宜代替奶制品给宝宝饮用，制作食物时使用炼奶也要适量。

TIPS

配方奶比牛奶含有更多的铁和维生素，如果宝宝适应固体食物比较慢，吃肉吃菜比较少，可让他适量饮用配方奶，以帮助他补充铁。

宝宝不爱喝奶，
妈妈怎么办？

　　大多数宝宝都非常喜欢喝奶，随时随地都惦记着妈妈的"咪咪"。有的宝宝吃辅食以后，就变得不怎么爱喝奶了。面对这样的宝宝，妈妈们该怎么办呢？

● 奶量下降可能是正常情况

　　妈妈们要知道，宝宝吃辅食后奶量下降是正常的。添加辅食的目的之一就是逐渐帮助宝宝从喝奶过渡到固体食物。满6个月后添加辅食，肯定会代替一部分的奶量。随着宝宝逐渐长大，增大的食量将由增加的辅食来补充，1岁以内的宝宝保证奶量每天不少于600毫升即可。

● 宝宝为什么排斥喝奶？

　　如果宝宝特别排斥喝奶，妈妈应找一下原因，比如是不是过早让宝宝食用零食了？辅食味道是不是过于丰富？是不是辅食添加过多，过于频繁了？还有一些妈妈喜欢催促宝宝快点喝完奶，这也会让宝宝讨厌喝奶。

● 如何保证足够的奶量

　　充足的奶量对宝宝的成长来说是至关重要的。为了保证宝宝摄入足够的奶量，你可以试试这样做：

1.奶瓶搞不定，杯子来救场。如果宝宝不爱用奶瓶，给他换成鸭嘴杯试试。新奇的餐具往往能激发宝宝的好奇心，让他重拾对奶制品的喜爱。

2.酸奶、奶酪一样有营养。除了母乳和配方奶粉，你还可以给6个月以上的宝宝引入其他奶制品来补充营养，比如酸奶和奶酪。这两种奶制品的口味更容易让孩子接受，同时能制作出更多样化的辅食，引起宝宝兴趣。

3.挑对时间来喂奶。对于不爱喝奶的宝宝，可以先给他喂奶，再给他喜欢的食物。不然用喜欢的辅食填饱了肚子，哪里还喝得下奶呢？喂奶的时间要把握好，不要让宝宝吃得太饱，也不要等到他肚子饿了而发脾气。

奶酪

补奶好帮手——酸奶和奶酪

酸奶和奶酪是补奶的"好帮手"，口感味道也不错，可以帮你搞定厌奶期的熊孩子。

一种神奇的食物，搞定便秘、厌奶、胃口差！

宝宝6个月就能喝酸奶了。牛奶做成酸奶之后，其中容易引起过敏的蛋白被乳酸菌部分分解，部分乳糖也被分解了。这样不但使酸奶更易于吸收，不易过敏，而且提供了钙质、多种维生素和有益菌。酸奶虽好，可不能贪杯，1岁以内的宝宝不可把酸奶替代配方奶或母乳哦，只能作为美味浅尝即止。

酸奶的好处还有很多，可以调节肠道，治疗便秘、胃口差。酸奶虽好，但市面上大部分的酸奶都含有较多的糖分。想要让宝宝喝到健康的酸奶，妈妈们不妨亲自动手吧！

自制酸奶

食材： 500~1000毫升牛奶，1小包菌粉，奶粉若干。

制作过程：

1.将500~1000毫升的牛奶装入大杯中。

2.放入1小包菌粉搅拌均匀。

3.将以上牛奶倒入分装杯中。

4.在每小杯内分别加入1勺奶粉并搅拌均匀，以增加酸奶的稠度。

5.将装好牛奶的分装杯放入酸奶机中，按下开机键开始工作，一般发酵约8小时。

6.做好的酸奶是凝固状的，因为加了奶粉，所以这个酸奶味道会更醇厚。

如何让酸奶更美味

给小宝宝食用的酸奶最好不要加糖，所以成品口感比较酸，挑剔的宝宝就不爱吃这个味道。怎么办呢？万能的妈妈只能开动脑筋，可以加入一些好吃的水果，让酸奶的味道变得更好。香蕉、杧果、蓝莓等都是酸奶的好搭档！

● 奶酪换着花样做给宝宝吃

奶酪是浓缩的精华，它是以乳（牛奶、羊奶等）为原料经过提炼，在凝乳酶或其他凝乳剂的作用下加工制成的。所以配料表一般都很简单，只有牛奶、食盐、发酵菌、凝乳酶这几项。相比于牛奶和酸奶，它的含水量更少，且富含优质蛋白、B族维生素和脂肪，钙含量也很高。

TIPS

给宝宝吃的奶酪要选择天然奶酪，成分比较简单。钠含量要低于300毫克/100克。并且要选经过巴氏杀菌的，避免李斯特菌污染。全脂奶酪更适合2岁以下的小宝宝。

营养又美味的奶酪要怎么做给宝宝吃呢？下面糕妈就给大家介绍几种简单的做法。

最简单的吃法：直！接！吃！

如果宝宝能接受的话，直接切小块吃是最方便的啦！美国儿科学会、梅奥医学中心都指出，宝宝8个月尝试手指食物时，就可以加入奶酪了。

夹在面包里

奶酪与面包是经典的搭配，还可以加上一点黄油，口感会更好。或者将面包加上奶酪、黄油，放到烤箱里稍微烤一下，适合有一定咀嚼能力，能吃面包的宝宝。

奶酪烤香蕉

1.把香蕉剥皮斜着切成片状，把奶酪切成片状，将切好的奶酪平铺在香蕉上。

2.烤箱中火预热5分钟，将铺好奶酪的香蕉片码放入烤箱中，中火烤2分钟即可。

奶酪的奶香渗入到香蕉中，使香蕉吃起来不那么干涩，奶酪的口感也变得更加柔滑。此方法同样适用于奶酪烤鳕鱼、奶酪烤豆腐等。

奶酪炒鸡蛋

鸡蛋打散，奶酪切成小粒混入蛋液中。炒锅里加1小勺油或者黄油烧热，用中小火炒鸡蛋，让奶酪慢慢熔化到鸡蛋里，不用翻炒得太猛。

奶酪鸡蛋饼

蛋液先下锅，凝固的时候加入奶酪，把奶酪包在蛋皮中，加水再焖一小会儿就可以出锅了。聪明机智的妈妈们还可以在蛋液中加入各种蔬菜丁、肉丝，口味很好而且营养丰富！同理，奶酪也可以做鳕鱼饼、虾球、鱼丸、鸡块等各种荤食。

奶酪作为"调味品"

奶酪可以像"调味品"一样加入各种辅食中，比如番茄鸡蛋面，在煮卤的时候加一小块奶酪进去，奶酪很快就熔了，味道超级棒。此方法也适用于给宝宝做意面（通心粉）、炒饭、泡饭等。

宝宝吃辅食后，
水要喝多少？怎么补充？

　　水能帮助消化，预防便秘，维持电解质平衡，帮助调节体温……好处多到数不清。水，对人体来说是必需的，那妈妈该如何给宝宝科学补水呢？

不同阶段的宝宝需要补充多少水

6个月以内

　　6个月以内的宝宝，完全可以从母乳和配方奶中获取所需的水分。母乳和配方奶中85%都是水，只要按需喂养就能摄入足够的水分。否则不仅会影响宝宝的喝奶量，易导致营养不良，还会降低妈妈的产奶量。另外，小月龄宝宝喝水过多，钠会通过肾脏流失过多，可能会发生水中毒。

6个月后

　　宝宝6个月添加辅食后，可以适当增加饮水量，比如每次吃完辅食后，喂几口水漱漱口。如果宝宝拒绝，家长也千万不要强迫，给宝宝一个适应的过程，让他养成习惯。但在1岁之前，宝宝还是以喝奶为主。

宝宝1岁后

　　宝宝1岁后，辅食吃得越来越多，逐渐取代奶成为主食，宝宝也需要摄入更多的水分。同时，宝宝活动量增大，对水的需求量也会增加。宝宝每天需要少量、多次饮水，建议上、下午各补充2~3次水。

如何为宝宝选择健康的水

平淡的白开水是不错的补水选择，可以在水里加几片新鲜的水果，比如柠檬、草莓、苹果，让平淡的凉白开更有吸引力。果蔬、牛奶、清汤等食物中都含有大量水分，也可以为不爱喝水的宝宝补充一部分水分。

这些水少给宝宝喝

1.**果汁饮料。**果汁饮料中含有大量的糖和热量，纤维素含量较少，饮用过多会给宝宝带来蛀牙、肥胖、营养不均衡等诸多问题。另外，宝宝习惯了甜味饮料，容易排斥平淡的白开水。

2.**调味奶。**果味奶、朱古力奶等调味奶中含糖量较高，也不建议给宝宝多喝。

3.**2岁以下的宝宝不宜喝矿泉水。**一些矿泉水中可能含有（对宝宝来说）过量的钠或其他矿物质，因此不建议给2岁以下的宝宝喝。

4.**咸味的汤。**给宝宝喝太多咸味的汤，会导致盐分摄入过量。

想让孩子多喝水，
简单几招就能搞定

对于不爱喝水的宝宝，糕妈奉上几个实操性强的小技巧，看看能不能治治你家那个"滴水不沾"的熊娃。

● 选择一款适合宝宝的杯子

宝宝不喜欢喝水，妈妈可以尝试给他换个不同颜色或款式的杯子。出于对新杯子的好奇心，宝宝对喝水也会增添几分好感。

● 让宝宝随时都能拿到水杯

将水杯放在显眼的位置，这样能使宝宝对水杯产生亲切的熟悉感，并且方便宝宝自己随时取用。在正餐和零食的时间段，也要保证将水杯放在宝宝旁边。

● 在游戏中引导宝宝喝水

"来，我们一起干杯！""小白兔喝水，小乌龟喝水，宝宝也喝水。"像这样把喝水加入到日常游戏中，既增进了与宝宝之间的交流，又能让喝水这件事变得轻松有趣。

● 多陪宝宝做运动

活动量多了，对水的需求量也会增加。平时多陪宝宝做做运动，在他玩累休息时及时递上水杯，宝宝就能喝上几大口。但千万不要强迫宝宝，让他对喝水产生排斥就得不偿失了。

● 家长也要养成爱喝水的好习惯

孩子天生爱模仿，让宝宝经常看到你愉快地喝水，这样宝宝也会觉得水很好喝，他也会有样学样。

TIPS

宝宝饮水量足不足，不能光凭家长的感觉。他不觉得口渴，表现出不爱喝水其实很正常。奶和辅食中都含有大量的水分，如果宝宝每3~4小时有1次小便，并且颜色呈浅黄色，就说明宝宝补充的水分已经足够啦。

半岁用杯子，1岁戒奶瓶，
让奶瓶优雅退场

宝宝满6个月开始添加辅食后，妈妈就要考虑让他学习用杯子喝水。美国儿科学会建议，宝宝1周岁时要开始停止使用奶瓶，到18个月大时一定要完全戒除奶瓶。

● 为什么要让宝宝戒掉奶瓶呢？

1.宝宝在睡前用奶瓶喝奶，患上龋齿（蛀牙）的风险很高；如果宝宝躺着喝奶的时候睡着了，奶液还可能流进中耳，造成中耳炎。

2.很多宝宝喜欢在夜里喝奶，这其实是一种精神上的安慰，而不是营养上的需要。奶瓶很可能变成他的一种精神依赖，这会妨碍他学习在夜间独自入睡。

3.奶瓶会让宝宝摄入更多的果汁或乳汁，影响固体食物（辅食）的摄入量。

4.用杯子喝水，可以锻炼宝宝手指的精细动作和手眼协调能力，也能提前为断奶做好准备。

5.长期的奶瓶喂养，会造成口腔、颌面发育异常，容易造成"地包天""天包地"等牙列异常。

● 如何让奶瓶优雅退场

选择一个合适的杯子

给宝宝选购杯子的基本原则是：安全，不易倒或不易碎。对刚学习使用杯子的宝宝来说，一个训练杯（也称学饮杯，杯上有双柄和可扣紧的盖子，盖子上有喝水嘴）或一个带吸管的杯子都是不错的选择。另外，还可以带着宝宝一起选购，让宝宝自主选择他喜欢的杯子。

宝宝6个月后就可以学习使用学饮杯或吸管杯了。通常来说，鸭嘴杯比吸管杯更容易学会，可以先用鸭嘴杯，之后再引入吸管杯（但不绝对哦）。等宝宝再大一点，还可以鼓励他用敞口杯喝水。因为与学饮杯和吸管杯相比，敞口杯更易清洁，不易滋生细菌。

引导宝宝正确使用杯子

刚开始时，宝宝还不知道杯子是喝水、喝奶的工具，家长们要做好示范，比如如何将水杯放到嘴边，如何倾斜水杯喝到水。

引导宝宝使用杯子时，可以先在杯嘴沾点水、奶或稀释的果汁，来提起他对杯子的兴趣。妈妈要鼓励宝宝自己动手，当他喝到水的时候，及时给他鼓励。不要操之过急，一次只抿一口。孩子可能需要几周，甚至更长的时间，才能学会使用杯子喝水，家长要有足够的耐心。

宝宝学习用杯子喝水时，要给他围上防水的围嘴。水洒出来的时候，不要大惊小怪，否则容易给宝宝留下不好的体验，影响他对喝水的兴趣。

让奶瓶淡出宝宝的生活

1.在宝宝心情好的时候开始戒奶瓶。宝宝生病了、疲劳了、肚子饿了、搬家、更换监护人等时候，都不是戒奶瓶的时机。

2.循序渐进地撤出奶瓶。从一天中的某一次开始，把奶瓶换成杯子，逐渐用杯子代替奶瓶，直到把睡前的奶瓶也替换掉。

3.减淡奶瓶中的牛奶。让宝宝练习使用杯子时，可以逐步减淡奶瓶中牛奶的浓度，直到1~2周后奶瓶中只有白水。对奶瓶过于依赖的宝宝，还可以在奶瓶里装入他不喜欢的饮料。

4.让奶瓶眼不见为净。把奶瓶放在宝宝看不到的地方，同时在他经常活动的地方放上他经常使用的杯子。

5.让爱代替奶瓶。家长要多陪伴宝宝，带他出去玩，安排更多的活动。丰富有趣的生活会让宝宝想不起奶瓶。

TIPS

戒奶瓶不是几天就能完成的，从接触杯子，到完全乐意用杯子喝水、喝奶，大概需要6个月左右的时间。通常，宝宝越大越难戒，1岁左右是断奶瓶的最佳时间。妈妈对于戒奶瓶态度要坚决一点，宝宝抗议、哭闹是很正常的，短时间的哭闹不会造成身心伤害。一旦宝宝学会使用水杯，他就不再需要用奶瓶了。

PART 06

常见辅食困惑

我要问糕妈

　　妈妈们在添加辅食的过程中，还会遇到诸多困扰。其中，很多都是共同的问题，所以糕妈将这些问题整理出来，让妈妈们对辅食添加了如指掌，不慌不乱地把宝宝养育得健康又聪明。

辅食困惑基础问答

Q：宝宝吃辅食不能定时定量，会不会影响健康？

A：很多妈妈纠结添加辅食的细节，其实只要控制好宝宝每天的食物总量（提供足够热量和营养）和一周的食物种类（食材足够丰富多样）就可以。具体什么时间、以什么方式吃没那么重要，食物和食物之间的相互作用都可以忽略不计。关于辅食的时间安排，最重要的是你觉得方便，能从容准备即可。妈妈们别把自己搞得太焦虑了，轻松点儿才能带好娃。

Q：可以选择市售的现成辅食吗？

A：可以的。事实上，国外很多妈妈都是这么做的。要选择信任的品牌，和可靠的购买渠道。

Q：宝宝能不能吃全蛋呢？

A：8个月后加蛋黄，1岁后加蛋白的观点已经过时了。各国权威机构都发布过官方指南，6个月之后的宝宝可以尝试各种食物，包括鱼、肉、蛋。妈妈们可以先给宝宝尝试一点蛋黄，过几天再试一点蛋白，没有过敏的迹象就可以正常吃了。如果只是嘴边有少量的红点点，可以过些日子再尝试。

Q：鱼肉是不是比猪肉、鸡肉对宝宝更有益？

A：鱼和肉都是宝宝非常需要的食物种类，本着丰富的原则，鱼和肉都要给宝宝吃。从另一个角度来说，深海鱼类可能存在重金属污染的风险，所以在宝宝的辅食中，还是要以肉类为主，鱼类为辅，每周保证摄入2~3次的鱼类就可以。

Q：哪些鱼肉适合给宝宝吃？

A：给宝宝选择鱼肉时，要选择水体污染相对要少、刺较少、容易买到的鱼类，总体来说，海鱼比河鱼要好。河鱼的话，尽量选择水体环境好的鱼，比如水库的、污染少的溪流中的鱼。

糕妈推荐三文鱼、海鲈鱼、鳕鱼、鲳鱼。此外，青花鱼、黄花鱼、比目鱼、马面鱼等海鱼，鳜鱼、昂刺鱼、太湖银鱼等淡水鱼也是不错的选择。而含汞风险高的鱼：旗鱼、方头鱼等，以及剑鱼、大型金枪鱼、马鲛鱼等，都不适合宝宝食用。

另外，相比鱼类和贝类，甲壳类（虾和蟹）对宝宝也是很好的食物，能提供优质的蛋白质，而且几乎不用考虑汞的风险，非常适合给宝宝吃。

Q：宝宝吃花菜后感觉不适，以后还能不能吃？

A：花菜、西蓝花容易引起宝宝胀气、排气增多，建议8个月以后再添加。不少母乳妈妈发现进食西蓝花之后宝宝胀气增加，所以建议妈妈也暂时不要吃。

Q：水果应该生吃还是熟吃？

A：建议生吃。水果煮熟后维生素破坏很多。小宝宝因为肠道发育不成熟，刚开始添加辅食时可以煮熟吃果泥，等适应后再吃新鲜水果。

Q：哪些食物可以作为天然的调味品？

A：有一些食物，天然口味就香甜可口，跟其他食物搭配在一起，能让整碗食物都美味起来。

典型的"调味"食物有：虾皮、芝麻、番茄、香菇、玉米、豌豆、南瓜、红薯、甜椒、胡萝卜、洋葱等蔬菜，以及苹果、橙子等水果。

Q：对牛奶过敏的宝宝可以吃酸奶吗？

A：对牛奶蛋白过敏的宝宝要推迟一些添加酸奶或者奶酪，到10个月甚至更晚再尝试，因为酸奶中仍然存在少量的牛奶蛋白。

Q：乳糖不耐受的宝宝可以吃酸奶吗？

A：可以。酸奶和奶酪中的乳糖基本都被分解掉了，还含有少量的乳糖，建议少量尝试下，没问题就可以吃啦。

Q：宝宝需要吃油吗？

A： 宝宝是非常需要油的。美国儿科学会指出，胆固醇和其他一些脂肪对宝宝的正常生长发育（包括大脑和神经系统）非常重要。对婴幼儿来说，这类物质是不应该被禁食的。

《中国居民膳食指南》也指出，辅食应适量添加植物油，植物油和脂肪能为宝宝提供能量和必需的脂肪酸。除此之外，脂肪还能促进维生素A、维生素D、维生素E、维生素K的吸收和运输，让食物的味道更好。

Q：宝宝多大能吃油？

A： 宝宝满6个月开始添加辅食后，就可以适量吃油了。《中国居民膳食指南》建议：6月龄以后的婴儿每日需在辅食中额外添加约5~10克植物油。 2—3岁的宝宝建议每日摄入15~20克植物油；4—5岁的宝宝每日摄入20~25克植物油。

建议妈妈们准备一个量勺，先将油倒入勺中，再放入制作的食物中，这样既能保证宝宝每日所需的油，也能避免宝宝摄入过多的油脂。

Q：宝宝适合吃什么油？

A： 食用油一般可分为植物油和动物油。动物油中富含饱和脂肪酸，不宜过量摄入。植物油（棕榈油除外）中不饱和脂肪酸含量更高，且富含维生素E，更有益于健康。

不同种类的植物油，其成分和营养价值是不同的。比如橄榄油、茶油、菜籽油的单不饱和脂肪酸含量较高，玉米油、葵花子油富含亚油酸（Ω—6的一种），胡麻油（亚麻籽油）富含α—亚麻酸（Ω—3的一种）。经常换着吃，能使宝宝摄取更丰富、更全面的营养。

Q: 宝宝不爱吃胡萝卜（或其他任何一种食物）怎么办？

A: 这很正常，要允许宝宝有他的偏好。丰富其他食物的种类，这种不爱吃，要靠其他品种来弥补。还有一个简单的办法就是浑水摸鱼，把宝宝不爱吃的食物跟最爱吃的食物混在一起。

Q: 微量元素检测，有没有必要？

A: 多位专家都已经声明，微量元素检测是不一定准确的。而盲目补钙、补微量元素都是很危险的行为。宝宝营养状况的参照是世界卫生组织的生长曲线；只要宝宝发育正常，就不用担心出现营养问题。

如何知道宝宝吃饱了

　　宝宝天生懂得分辨自己的饱与饿，大部分宝宝会在15~30分钟内吃饱，他会用以下行为来告诉你"我饿了"或"我吃饱了"！

● 肚子饿的信号

　　1.对食物表示兴趣；

　　2.将头凑近食物和勺子；

　　3.身体俯向食物；

　　4.太饿时会吵闹、啼哭。

● 吃饱了的信号

　　1.不再专心进食；

　　2.吃得愈来愈慢；

　　3.避开勺子；

　　4.紧闭着嘴唇；

　　5.吐出食物；

　　6.推开或抛掷勺子和食物；

　　7.拗起背。

怎样让宝宝多吃一点？

宝宝有权利决定自己的食量，父母不应强迫宝宝进食。看护人要做的就是让宝宝的餐食尽可能丰富、可口，给宝宝更多选择，并逐渐让宝宝过渡到家庭饮食。1岁以内的宝宝，食物主体是奶，9个月之前的宝宝辅食摄入量都不会很大。即便宝宝不爱吃辅食，家长也不必过于担心。另外，宝宝的胃口是有差异的，只要宝宝的生长发育正常，就不必过于担心。

如果宝宝吃饱后继续喂食，宝宝会觉得进食不是轻松的事，容易对吃饭产生反感。长期如此，还会使宝宝产生其他进食的问题，例如宝宝在吃奶和吃饭时与你对抗，导致吃得少；还可能因进食过量而导致肥胖。

为什么要让宝宝自己吃饭？

宝宝自己吃，弄得一身都是，吃了半天也没吃到多少。很多家长都是给宝宝喂饭到很大，觉得这样既干净，又能吃得多一些。那为什么非要让宝宝自己吃饭呢？

让孩子自己吃饭，对他的意义不仅是吃到嘴里的饭，更是对世界的探索。每种食物都有独特的颜色、质地、气味，宝宝看到面前的食物，伸手去摸、抓、捏，试图塞到嘴里，然后品尝食物本身的味道，这一系列动作都可以帮助孩子感知、理解这个世界。

练习自己进食，还是锻炼手眼协调能力、手部精细动作的好办法。宝宝6个月大以后，手眼协调能力迅速发展，渴求自己控制和独立的意识变得强烈。开始的时候，他动作笨拙、很艰难地用整个手握住长条的食物；没过多久，他就可以轻松吃好蛋卷、饼干等食物了；几个月后，很小颗的泡芙驾驭起来也毫无压力了。

让孩子自己跟食物"战斗"，还能很好地解决孩子"吃饭一定要拿玩具，吃饭从来不专心"的问题。

学会自己吃饭，也是一项很有成就感的事情；家长适时鼓励，能让宝宝更有信心。同时，也能为宝宝之后学习独立做其他事情打好基础，比如穿衣服、整理玩具等。所以，想要养出独立的宝宝，就从让他自己吃饭开始吧！

早产儿如何添加辅食？

给早产儿添加辅食，其实与足月儿大同小异，都需要参考宝宝的发育程度。一个早产儿如果提前两个月出生，而现在出生已经6个月了，但还不能添加辅食，因为他的发育月龄只有4个月。简单来说，这个早产儿体内器官的成熟度仅与4个月足月宝宝相当。所以，需要再过2个月，再考虑是否添加辅食。

小于37周出生的宝宝需要进行年龄纠正（纠正年龄=实际年龄—早产天数）。早产宝宝在辅食添加以及生长曲线评估时都需要纠正年龄！

同理，将早产儿提前出生的时间加上6个月，就是宝宝出生后，家长需要观察是否该给宝宝添加辅食的时间了。

早产儿需要细心喂养，给早产儿提供的辅食要营养全面、均衡易消化，这有利于早产儿的生长发育。宝宝体内储存的铁主要来自于母体，而随着身体的发育又需要更多的铁质。早产儿从母体中获得的铁质本来就不多，所以出生2周后就要开始注意补铁。

添加辅食后，
宝宝的口腔如何清洁、护理？

在幼儿园里，很多宝宝都患有龋齿。很多妈妈都以为，宝宝还小不用刷牙。事实上，从宝宝萌出第一颗牙齿开始，妈妈就应该给宝宝刷牙了。

● 如何为宝宝清洁牙齿

其实在宝宝还没有牙齿的时候，妈妈就应该为宝宝清洁口腔。妈妈们可以用婴儿牙刷蘸水，也可以使用柔软的毛巾来为宝宝清洁牙龈。

牙齿萌出后，应使用婴儿牙刷和含氟牙膏每天为宝宝刷牙2次。当宝宝长出2颗牙齿，并相互接触时，就要开始使用牙线了。

宝宝每天临睡前，妈妈都要给宝宝刷牙，并使用牙线来清洁牙齿。直到第二天早上，除了喝水之外，不要再给宝宝任何食物，饮料也是不可以的。

TIPS

如果宝宝在刷牙、用牙线和漱口的时候不配合，妈妈不可以随便妥协。要让他们知道这是必须做的事情。一旦宝宝形成习惯，将会受益终生。

让宝宝爱上刷牙，试试这些方法

面对你家不爱刷牙的熊娃，你都尝试过哪些高招呢？如果仍旧搞不定宝宝，不妨试试以下4种方法：

1.选择合适的时间为宝宝刷牙。在宝宝不太疲倦的时候给他刷牙、使用牙线和漱口，这时他们会更配合。

2.让宝宝有参与感。根据宝宝的年龄，采取适合的方式让他参与进来。比如，可以让他自己挑选喜欢的牙刷，大一点的宝宝还可以让他自己挤牙膏。

3.调动宝宝刷牙的积极性。如果看到大人正在刷牙，宝宝会更愿意加入。在宝宝每次刷牙后，奖励他一颗小星星，这样刷牙就变成了他乐于做的事情。

4.对待宝宝，要有耐心。孩子2—3岁时，就有意愿自己动手刷牙了（甚至更早）。可是要完全独立地刷牙，可能要等到7岁以后，甚至9—10岁。

如何保持宝宝的口腔健康

及早检查

在宝宝1岁时就应该带他去看牙医做口腔检查，这样可以及早发现口腔问题，及时纠正或治疗。

避免"奶瓶龋"

很多宝宝都喜欢含着装有奶或其他甜饮料的奶瓶入睡，这是绝对不可以的。因为含糖的液体会黏附在牙齿上，滋生细菌，引起蛀牙。如果宝宝睡觉时一定要含奶瓶，那奶瓶中装的只能是白开水。

少喝果汁

果汁是引起儿童龋齿的重要原因之一，家长应该限制宝宝纯果汁的饮用量，每天不要超过120毫升。另外，含糖食物和饮品也只能在进餐的时候吃。

控制吸管杯的使用

吸管杯可以帮助宝宝从奶瓶过渡到普通饮水杯。但如果长期使用吸管杯喝含糖饮料，容易使前牙内面产生龋洞。

2岁前戒掉奶嘴

安抚奶嘴可以帮助宝宝入睡，但不建议长期使用，否则有可能造成上下牙咬合不正，影响面型；还可能增加中耳炎的风险。所以，一定要让宝宝2岁前戒掉奶嘴。

慎重用药

儿童药物通常是有甜味和含有糖分的，黏附在牙齿上很容易引起蛀牙。另外，一些抗生素和治疗哮喘的药物会引起念珠菌（酵母菌）过多，从而导致鹅口疮。

PART 07

宝宝每个月辅食

吃什么，怎么吃？

1岁内的宝宝，每个月都有突飞猛进的变化，同时营养需求、咀嚼能力以及肠道功能也都在改变。所以，辅食要随着宝宝的成长，及时调整类型和食量，这样才能喂出最健康的宝宝。

6月+
为宝宝添加第一顿辅食

● 6月龄宝宝辅食添加的要点

1. 辅食添加没有规定顺序，从 6 个月开始添加辅食时，就要开始加肉、菜、谷物、水果（种类顺序不分先后），食物的丰富程度非常重要！

2. 最初的食物必须包含丰富的铁，比如高铁米粉、肉类、肝脏以及深色蔬菜等。

3. 米粉不同于奶粉，只要不过敏，是可以混吃的；为了避免宝宝日后挑食，原味米粉比果味的更好。

4. 其实不必按照一定顺序来安排孩子喝奶或辅食的顺序。没有先喝奶或者先辅食一说，娃能吃就好。糕妈会根据年糕的成长情况，确定辅食的添加总量，然后按照一定的规律来喂养。这对于作息和吃饭习惯的养成非常有帮助。

● 6月龄宝宝一天怎么吃？

宝宝的第 1 餐：母乳或配方奶

宝宝的第 2 餐：主餐 1

宝宝的第 3 餐：母乳或配方奶

宝宝的第 4 餐：母乳或配方奶

宝宝的第 5 餐：主餐 2

宝宝的第 6 餐：母乳或配方奶

6月龄宝宝一周辅食计划表

天数	主餐 1	主餐 2
Day 1	大米米粉	——
Day 2	大米米粉 + 南瓜泥	大米米粉
Day 3	大米米粉 + 土豆泥	大米米粉 + 猪肉泥
Day 4	大米米粉 + 豌豆泥	大米米粉 + 红薯泥
Day 5	大米米粉 + 胡萝卜南瓜泥	大米米粉 + 胡萝卜豌豆泥
Day 6	大米米粉 + 红薯南瓜泥	大米米粉 + 胡萝卜鸡肉泥
Day 7	大米米粉 + 土豆猪肉泥	大米米粉 + 胡萝卜猪肉豌豆泥

给宝宝更多的美味

① 土豆菠菜泥	② 三色酱豆腐羹	③ 奶香南瓜糊
④ 快速肉松	⑤ 时蔬肉末糊	⑥ 豌豆薯蓉糊
⑦ 青菜银鱼山药羹	⑧ 鸡肉蔬菜汤米糊	

注：每添加一样新食物，需要观察 3 天，再继续添加另一样。

01

补铁，补维生素

土豆菠菜泥

 20min 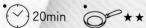 ★★

土豆泥制作简单，营养丰富，还能作为主食食用，是宝宝理想的辅食之一。在土豆泥中加入富含膳食纤维的菠菜，可以碰撞出清新的美味，健康营养又饱腹。

🥕 食材清单：

土豆 .... 1 个
菠菜 .... 2~3 棵

小贴士
对于刚添加辅食的宝宝来说，菠菜茎部不易吞咽和消化，不能给宝宝食用。

🍲 制作过程：

1. 土豆洗净、去皮，切成小块，蒸熟。
2. 将菠菜浸泡洗净，摘取叶子，放入沸水中煮熟。
3. 捞出菠菜叶，切成碎末，研磨成泥状，过筛。
4. 蒸熟的土豆也研磨成泥。
5. 将研磨好的土豆泥和菠菜泥搅拌均匀。

* 表示制作时间　　表示难易程度

02

补充蛋白质，增进食欲

三色酱豆腐羹

⏱ 15min 🍳 ★★★

又软又嫩的豆腐羹，非常适合咀嚼能力尚未成熟的宝宝食用，搭配三种天然"酱料"，能刺激宝宝的食欲，满足宝宝的营养需求！

🥕 食材清单：

青菜 . . . . 2~3 棵
南瓜 . . . . 100 克
牛油果 . . . . 1/2 个
豆腐 . . . . 200~250 克

🍲 制作过程：

1. 将洗净的青菜叶焯熟，捞出沥水，切碎。
2. 将焯好的青菜叶用研磨碗研磨成泥，再过筛。
3. 南瓜去皮洗净，切成小块，蒸熟后研磨成泥，过筛。
4. 牛油果切半去核，取 1/2 的果肉研磨成泥，过筛。
5. 锅中加少量清水烧开，用筷子将豆腐夹成块状，放入锅中煮 10 分钟左右。
6. 捞出豆腐，沥水，用研磨碗碾压成碎末状，再放入青菜泥、牛油果泥、南瓜泥。

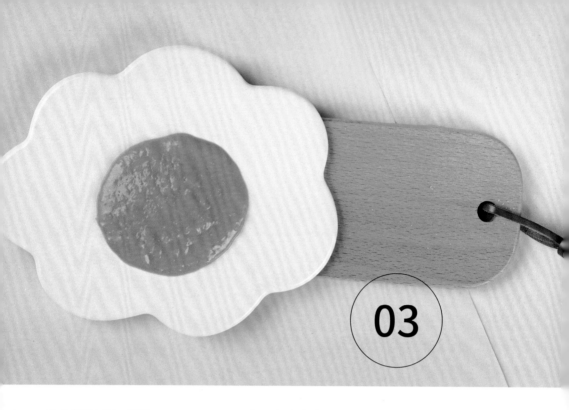

補充胡萝卜素，暖胃

奶香南瓜糊

⏱ 10min 🍳 ★★

南瓜含有丰富的维生素和胡萝卜素，口味香甜可口，是天然的"调味品"，能令辅食变得很好吃。早餐来一碗热气腾腾的奶香南瓜糊，暖胃更暖心，全家人都能吃哦。

 **食材清单：**

南瓜 . . . . 1 块
配方奶 . . . . 适量

小贴士

宝宝刚添加辅食，可以多放一些配方奶，使南瓜糊稀一点。

🍲 **制作过程：**

1. 将南瓜去皮、去子，切成小块，蒸熟。
2. 将蒸好的南瓜放入研磨碗中碾压成泥。
3. 在研磨碗中慢慢倒入配方奶，一边研磨一边搅拌。
4. 过筛，筛出更细腻的南瓜泥。
5. 继续在南瓜泥中加入配方奶，搅拌均匀即可。

对于咀嚼能力还不够强的宝宝来说，肉松是很棒的辅食，拌在粥里或米粉里都很不错，而且方便外出携带。在家自制美味的肉松，能控制盐、糖、植物油的使用，让宝宝吃得更健康。

🥕 食材清单：

猪里脊肉 . . . . 100 克

🍲 制作过程：

1. 挑选新鲜的猪里脊肉，去筋去膜，洗净切块。
2. 将肉块倒入装好水的高压锅中，煮 15~20 分钟。
3. 捞出沥水，冷却，顺着里脊肉的纹理将肉撕碎。
4. 将撕碎的里脊肉倒入不粘锅中，用小火不停地翻炒，直至水分基本全部蒸发。
5. 放在辅食机中搅打，多打一会儿更细腻。
6. 过筛，留下细腻的部分。
7. 将筛好的肉松装入密封罐中保存。

轻松补铁，方便咀嚼

快速肉松

 25min  ★★★

小贴士
一次多做一些，装入密封玻璃罐中，冷藏保存，随取随吃。

营养全面，预防贫血

时蔬肉末糊

 15min  ★★

猪肉中的铁含量非常丰富，是很棒的辅食原料，配上新鲜的胡萝卜和土豆，有肉有菜有主食，可以全面满足宝宝的营养需求。黄澄澄的时蔬肉末糊，看起来就超有食欲，妈妈们赶紧学起来吧！

🥕 **食材清单：**

胡萝卜 . . . . 50 克
土豆 . . . . 120 克
猪里脊 . . . . 40 克
洋葱 . . . . 少许

🍲 **制作过程：**

1. 将土豆切块，胡萝卜切块，蒸熟后放入料理杯中打成糊状。
2. 将猪里脊去除腱膜，洗净，切成小块，用料理棒打成泥。
3. 洋葱洗净，切成碎末。
4. 锅中加适量清水煮沸，放入洋葱碎末和猪肉泥，搅拌使肉末散开；再次煮沸，倒入胡萝卜土豆泥搅拌均匀；改小火，煮至黏稠状。

> **小贴士**
> 猪肉可以换成鸡肉、牛肉或其他肉类，给宝宝多更换不同种类的食物，使宝宝获得更丰富的营养。

增强免疫力，省时省力

豌豆薯蓉糊

⏱ 15min 🍳 ★★

豌豆是非常适合用来做辅食的食材，它富含赖氨酸、维生素 C 和多种膳食纤维，可以增强宝宝的免疫力。主食和蔬菜兼任的土豆也是营养十足。更主要的是，这道辅食做法简单，省时省力。

🥕 **食材清单：**

豌豆 . . . . 30 克
土豆 . . . . 60 克
配方奶 . . . . 适量
水 . . . . 适量

🍲 **制作过程：**

1. 土豆洗净、去皮，切成丁状。
2. 豌豆洗净，和土豆一起放入锅中煮至熟软，并将豌豆去皮。
3. 将土豆和豌豆一起搅打成泥，加入适量配方奶搅拌均匀。
4. 将打好的豆蓉倒回锅中，继续炖煮一会儿。
5. 加入适量配方奶，调至适合宝宝吃的黏稠度。

银鱼是极富钙质、高蛋白、低脂肪的鱼类，营养价值极高。银鱼中基本没有大鱼刺，很适合给宝宝做辅食。

高钙高蛋白，营养丰富

青菜银鱼山药羹

🕐 15min　🍳 ★★

🥕 食材清单：

银鱼 . . . . 50 克
山药 . . . . 150 克
青菜 . . . . 少许

小贴士

山药是种很好的食材，含有淀粉酶、多酚氧化酶等物质和营养素，能促进脾胃消化吸收功能。

🍲 制作过程：

1. 将银鱼清洗干净，放入锅中煮熟后捞出，沥干。
2. 将山药洗净去皮，切成块状。
3. 将切好的山药和银鱼放入料理杯中打成泥浆状。
4. 将青菜浸泡后冲洗干净，取嫩叶部分切成碎末。
5. 锅中加入清水煮沸，倒入银鱼山药泥搅拌均匀。
6. 煮至食材熟烂后，将青菜碎末倒入其中，翻拌均匀即可盛出。

全面营养，滋补强身

鸡肉蔬菜汤米糊

🕐 15min 🍳 ★★★

鸡胸肉无骨软嫩，蛋白质含量很高，还含有丰富的铁、钙以及对人体生长发育有益的卵磷脂。鸡胸肉再搭配富含碳水化合物的土豆、富含维生素的蔬菜，可以全面满足宝宝的营养需求。

🍲 **制作过程：**

1. 将鸡胸肉洗净，切成块状，焯熟，捞出沥水。

2. 将土豆洗净、去皮，切块；菠菜洗净，只要叶子的部分。

3. 锅中重新加入清水，放入鸡胸肉和土豆，大火煮沸，转中火继续煮至熟软，放入菠菜碎叶，搅拌均匀。

4. 待食材熟透后，捞出沥水，放入料理杯中搅打成泥。

5. 将打好的糊继续放入刚才有汤的锅中煮开，搅拌均匀后关火。

🥕 **食材清单：**

6. 待蔬菜糊放凉后，慢慢加入米粉调匀即可。

鸡胸肉 . . . . 30 克
土豆 . . . . 30 克
菠菜 . . . . 5 克
米粉 . . . . 适量
水 . . . . 适量

7月+
为练习自主进食做准备

● 7月龄宝宝辅食添加要点

1. 7月龄宝宝可以尝试手指食物。这是添加辅食过程中非常重要的一部分，可以激发宝宝主动进食的意愿，锻炼手眼协调能力，并为自主进食做准备。宝宝没有出牙（4—13个月出牙都正常哦）不影响吃手指食物，也不代表宝宝没有咀嚼能力。

2. 控制好宝宝每天的食物总量（提供足够热量和营养）和一周的食物种类（食材足够丰富多样）就可以，具体什么时间吃、以什么方式吃没那么重要，食物和食物之间的相互作用可以忽略不计。

3. 添加辅食后，宝宝大便变稠或排便间隔延长是正常现象，家长们不要过于担心，可以在辅食中适量增加高纤维食物，如西梅等。

● 7月龄宝宝一天怎么吃？

宝宝的第1餐：母乳或配方奶

宝宝的第2餐：主餐1

宝宝的第3餐：母乳或配方奶

宝宝的第4餐：点心＆自主进食

宝宝的第5餐：主餐2

宝宝的第6餐：母乳或配方奶

7 月龄宝宝一周辅食计划表

天数	主餐 1	主餐 2	点心 & 自主进食
Day 1	南瓜土豆鸡肉泥 + 大米米粉	胡萝卜豌豆泥 + 大米米粉	香蕉苹果泥
Day 2	南瓜红薯泥 + 大米米粉	1/4 蛋黄 + 香蕉泥 + 大米米粉	红薯泥
Day 3	红薯豌豆鸡肉泥 + 大米米粉	胡萝卜南瓜泥 + 大米米粉	紫薯条
Day 4	南瓜莲藕猪肉泥 + 大米米粉	1/2 蛋黄 + 紫薯山药泥 + 大米米粉	磨牙饼干
Day 5	山药南瓜鸡肉泥 + 大米米粉	红枣泥 + 燕麦米粉	紫薯条 + 红薯条
Day 6	紫薯南瓜猪肉泥 + 大米米粉	胡萝卜豌豆泥 + 燕麦米粉	苹果条
Day 7	土豆牛肉泥 + 大米米粉	胡萝卜南瓜红枣泥 + 燕麦米粉	香蕉泥

给宝宝更多的美味

① 胡萝卜豆腐鳕鱼乌冬面　　② 苹果土豆酸奶沙拉　　③ 水果酸奶意大利面
④ 牛油果酱　　　　　　　　⑤ 番茄肉末酱　　　　　⑥ 南瓜凤梨米糊
⑦ 番茄土豆牛肉泥　　　　　⑧ 蛋黄山药豆腐羹

营养丰富，帮助大脑发育

01 胡萝卜豆腐鳕鱼乌冬面

⏱ 15min　🍳 ★★★

鳕鱼有"餐桌上的营养师"的美称，不仅富含蛋白质，还富含 DHA、维生素 A 和维生素 D。肉质鲜美的鳕鱼，搭配营养丰富的胡萝卜和豆腐，再配上爽滑的乌冬面，营养颜值都是满分！

 食材清单：

胡萝卜 . . . . .1/2 根

豆腐 . . . . .1 小块

鳕鱼 . . . . 1 段

乌冬面 . . . . 80 克

生粉 . . . . .适量

 **制作过程：**

1. 将胡萝卜洗净，去皮，切成碎末。
2. 将豆腐洗净，切成小碎丁。
3. 将煮好的乌冬面捞出过水，切成碎末状。
4. 将鳕鱼洗净，蒸熟后捏成碎末状，取出鱼刺。
5. 锅中倒入水烧开，放入乌冬面和胡萝卜，用筷子搅拌一下，再倒入豆腐、鳕鱼，搅拌均匀。
6. 生粉加水搅拌，倒入锅中，转小火煮至收汁即可。

增进食欲，清爽可口

苹果土豆酸奶沙拉

02

10min　★

这道沙拉包含了水果、主食和奶制品，味道酸甜，清爽可口，好吃还管饱。宝宝没有胃口的时候，妈妈们就可以给宝宝制作类似的沙拉，土豆可以换成紫薯、红薯、山药等。

🥕 **食材清单：**

土豆 . . . . 100 克

苹果 . . . . 50 克

无糖酸奶 . . . . 80 克

🍲 **制作过程：**

1. 将土豆、苹果分别洗净、去皮，切成小块。

2. 将切好的土豆和苹果蒸熟，分别研磨成泥。

3. 将土豆泥和苹果泥倒在盘子中，混合均匀，淋上无糖酸奶。

增加食欲，预防便秘，补充维生素

水果酸奶意大利面

03

⏱ 30min 🍳 ★★★

草莓、香蕉、蓝莓能为宝宝提供丰富的维生素，与意面搭配，让水果不再冷冰冰。酸奶还能搞定宝宝胃口差、便秘、不爱喝奶等"小毛病"。

🥕 **食材清单：**

意大利面 .... 20 克

草莓 .... 少许

香蕉 .... 1/2 根

酸奶 .... 少许

蓝莓 .... 少许

橄榄油 .... 少许

水 .... 适量

小贴士
无糖酸奶不容易买到，可以用奶粉或者牛奶自制营养美味的酸奶。

🍲 **制作过程：**

1. 将香蕉去皮，切成小块，放入研磨碗中研磨成泥。

2. 用流动水将草莓冲洗干净，放入清水中浸泡 5 分钟，再次冲洗，切块，碾成泥状。

3. 将蓝莓洗净，研磨成泥，过筛。

4. 意面在清水中浸泡 15~30 分钟，放入沸水锅中煮，用筷子适当翻一下，小火煮 10~15 分钟，煮的过程中不要盖锅盖。

5. 意面煮至熟软后，关火，在锅中泡一会儿，捞出后切成碎末状。

6. 在意大利面中滴入几滴橄榄油，搅拌均匀，倒入酸奶、草莓泥、香蕉泥，最后淋上蓝莓泥即可。

富含营养，促进身体发育

牛油果酱

🕐 5min 🍳 ★

牛油果享有"森林奶油"之称，含多种维生素，丰富的脂肪酸、蛋白质，以及高含量的钠、钾、镁、钙等元素，有助于促进宝宝身体发育，味道也很软糯，是宝宝辅食的理想之选。牛油果酱，甜香软糯，富含营养，堪称佐餐的小能手。

🥕 **食材清单：**

牛油果 1个
小黄瓜 1根

🍲 **制作过程：**

1. 将牛油果去壳、去核，挖出果肉，切成小块。
2. 将小黄瓜洗净、去皮，去除两端，切成小块。
3. 将切好的牛油果和小黄瓜放入料理杯中，打成泥状，倒入碗中。
4. 如果一次吃不完，可以倒入辅食保鲜罐中，放入冰箱冷藏。

> **小贴士**
> 搅打牛油果和小黄瓜时，加入适量的配方奶或凉白开，稀释到适合的浓稠度。

预防贫血，万能酱料

番茄肉末酱

 15min ·  ★★★

番茄是天然又健康的调味品，搭配肉末，不光能提升食物的口味，还能顺便帮助宝宝补铁。这款酱料可以搭配面条、面包、米粥等主食食用，省时、营养又美味。

🥕 食材清单：

番茄 . . . . 3 个
猪肉 . . . . 80 克
牛奶 . . . . 适量
玉米淀粉 . . . . 2 勺
洋葱末 . . . . 少许
大蒜末 . . . . 少许
油 . . . . 少量

🍲 制作过程：

1. 玉米淀粉中加少量水调开。
2. 番茄洗净，去皮，切小块，倒入油锅中煸炒至糊状。
3. 加入玉米淀粉水搅拌煮烂，待番茄酱浓稠后盛出。
4. 将猪肉洗净，切小块，用料理棒打成细末，加入少量牛奶搅拌均匀。
5. 锅中倒入少量油烧热，放入洋葱、大蒜末煸香，倒入肉末和番茄酱翻炒。
6. 炒熟后加入玉米淀粉水再翻炒一会儿，直至呈浓稠状盛出。

06

单一的米粉搭配上南瓜泥和凤梨泥，不仅能大大提升米粉的口味，提高营养价值，而且天然的口味，加上明媚的颜色，能让宝宝的胃口大开，心情欢快起来。

补充维生素 A，营养丰富

南瓜凤梨米糊

 15min  ★★

食材清单：

凤梨................2 片
南瓜................1 块
营养米粉..........适量

小贴士
凤梨果肉比较粗糙，要研磨得久一点，但不建议过筛，因为过筛后筛出的大多是果汁。

制作过程：

1. 将凤梨洗净，切成小丁，去除果肉中心比较硬的部分。
2. 将南瓜去皮、去子，洗净后切成小丁。
3. 将凤梨丁和南瓜丁蒸熟，约 15 分钟，取出，分别研磨成泥。
4. 取适量温开水（50℃左右），将米粉慢慢分多次加入温水中，摇晃均匀，调至适合宝宝吃的性状。
5. 在调好的米粉中拌入南瓜泥和凤梨泥即可。

07

有益脑部发育，富含纤维素

番茄土豆牛肉泥

🕐 15min　🍳 ★★★

像番茄这类的食物，我们通常称之为纯天然的调味料，还有玉米、豌豆、南瓜、甜椒等，都是本身口味就非常好的食物。将它们加到宝宝的面、粥、米粉里面，会令辅食的味道更好。

🥕 **食材清单：**

番茄 1个
土豆 1个
牛肉 30克

🍲 **制作过程：**

1. 将番茄洗净去皮，切成丁，放入料理杯中打成泥浆状。
2. 将土豆洗净去皮，切成小块放入蒸锅中蒸熟，压成泥状。
3. 将牛肉洗净去腱膜，切成小块，焯熟后打成泥状，并加入适量清水或配方奶。
4. 锅中重新加入清水煮开，倒入番茄泥浆和土豆牛肉泥，大火煮沸后转小火炖煮至熟。

08

补充蛋白质，补充钙质

蛋黄山药豆腐羹

 10min ★★

鸡蛋富含有益健康的营养素，特别是蛋黄，富含蛋白质和铁元素。由于蛋白部分比较容易引发宝宝过敏反应，妈妈们可以先从蛋黄开始添加，少量添加后观察是否过敏，无异常后再慢慢增量，再以同样的方式慢慢添加蛋白。

🥕 **食材清单：**

山药 . . . . 40 克
豆腐 . . . . 30 克
鸡蛋 . . . . 1 个

🍲 **制作过程：**

1. 山药洗净去皮，切成块状放入料理杯中打成泥浆状。
2. 将蛋黄、蛋清分离，取蛋黄打散。
3. 将豆腐冲洗干净，用筷子捣碎；如果介意豆腥味，可以先用开水过一下。
4. 锅中加入清水煮沸，倒入山药泥搅拌均匀，继续倒入捣碎的豆腐煮至熟软。
5. 在盛出前将蛋黄倒入锅中翻拌均匀即可。

8 月 +
提升食物的粗糙程度

● 8 月龄宝宝辅食添加要点

1. 宝宝步入 8 个月后，要继续丰富食物种类，不光是蔬菜水果，肉类和主食也要多多变化。比如中午主食是米粉，晚饭就可以吃意面；昨天吃的是牛肉，今天就换成鸡肉。

2. 逐渐提升食物的粗糙程度，蔬菜水果不必非要用辅食机打成泥了，剁碎了或者用研磨碗研磨就行。

3. 要保证宝宝每天的奶量不少于 600 毫升，母乳、配方奶、酸奶、奶酪都算。什么时候喝奶、喝几次奶不重要，保证总奶量达标就可以。

4. 宝宝每天需要 2 次正餐 +2 次点心。妈妈们可以根据宝宝的食量、活动量灵活安排，把酸奶作为午睡醒来的一顿点心是不错的选择。小朋友一觉睡醒后有点口渴，一罐凉凉的酸奶，拌上各式果泥，吃完后精神满满。

● 8 月龄宝宝一天怎么吃？

宝宝的第 1 餐：母乳或配方奶

宝宝的第 2 餐：主餐 1

宝宝的第 3 餐：点心

宝宝的第 4 餐：母乳或配方奶

宝宝的第 5 餐：点心＆自主进食

宝宝的第 6 餐：主餐 2

宝宝的第 7 餐：母乳或配方奶

8月龄宝宝一周辅食计划表

天数	主餐1	点心	主餐2	点心&自主进食
Day 1	水蒸蛋 + 大米米粉	磨牙饼干	胡萝卜豌豆猪肉泥 + 燕麦米粉	香蕉牛油果泥 + 红薯条
Day 2	西蓝花胡萝卜南瓜泥 + 燕麦米粉	香蕉梨泥	甜椒土豆牛肉泥 + 大米米粉	面包条
Day 3	南瓜山药莲藕鸡肉泥 + 燕麦米粉	面包条	紫薯山药泥 + 鸡肝粥	自制酸奶 + 牛油果泥
Day 4	青菜小米粥 + 莲藕猪肉泥 + 燕麦米粉	橙子块	紫薯南瓜山药猪肝泥 + 大米米粉	混合果蔬泥 + 奶酪片
Day 5	胡萝卜西蓝花粥 + 水蒸蛋	车厘子泥 + 酸奶	南瓜山药三文鱼粥	橙子块
Day 6	蛋黄肉末烂面条 + 芝麻酱	胡萝卜泥 + 酸奶	混合蔬菜泥 + 山药猪肉泥 + 燕麦米粉	混合果泥 + 酸奶
Day 7	青菜鸡蛋肉末粥 + 南瓜块	苹果牛油果泥	豌豆板栗泥 + 羊肉泥 + 燕麦米粉	蓝莓红薯泥 + 泡芙

给宝宝更多的美味

① 西蓝花泥　　　　　　② 蛋黄山药紫薯泥　　　　③ 红薯奶酪芝麻丸
④ 五彩豆奶粥　　　　　⑤ 胡萝卜椰汁布丁饭　　　⑥ 燕麦紫薯磨牙棒
⑦ 口蘑奶酪小米粥　　　⑧ 荠菜豆腐羹　　　　　　⑨ 南瓜山药三文鱼粥
⑩ 电饭锅蛋糕

01

富含叶酸，保护视力

西蓝花泥

🕙 10min   🍳 ★

西蓝花的平均营养价值要高于一般蔬菜，维生素种类非常齐全，尤其叶酸含量丰富，钙、铁、锌等含量也很高。常给宝宝吃西蓝花可促进发育，维持牙齿及骨骼健康，保护视力，提高记忆力。

🥕 **食材清单：**

西蓝花 . . . . 50 克
白开水 . . . . 适量

🍲 **制作过程：**

1. 将西蓝花洗净，去茎煮熟。
2. 将西蓝花放入料理杯中打成泥状，可加入适量白开水。

小贴士
由于西蓝花中的粗纤维较多，所以要煮得软烂一些，以便于宝宝咀嚼和消化。

营养全面，容易吸收

蛋黄山药紫薯泥

 15min  ★

紫薯富含硒元素和花青素，且易被人体消化、吸收。而蛋黄、山药的营养价值也很高。三者搭配，能碰撞出不一样的美味，丰富的颜色还能吸引宝宝的注意力。

🥕 食材清单：

鸡蛋 . . . . 1 个
山药 . . . . 1 小段
小紫薯 . . . . 2 个
白开水 . . . . 适量

🍲 制作过程：

1. 将山药和紫薯分别洗净、去皮，切成小块，蒸熟。
2. 锅中加水，放入鸡蛋煮熟，取出蛋黄。
3. 将蒸熟的紫薯、山药和蛋黄放入料理杯中，打成泥状，可适当加入一些白开水调节浓稠度。

补充钙质，有趣有料

红薯奶酪芝麻丸

 25min 🍳 ★★★

宝宝都喜欢新鲜的东西，一颗颗可爱的小丸子，咬开后又有满满的惊喜和美味，还怕宝宝不喜欢吃？

🥕 **食材清单：**

红薯 1个
奶酪 1块
黑芝麻 . . . . 少许

🍲 **制作过程：**

1. 将红薯洗净、去皮，切成小块，放入蒸锅中蒸熟，研磨成泥。
2. 将奶酪切成粒状。
3. 将黑芝麻倒入锅中，小火焙熟，倒入料理杯中打成芝麻粉。
4. 取一小撮红薯泥，压成饼状，撒上少许芝麻粉，放上奶酪粒包拢四边，搓成丸子状。
5. 将红薯丸覆上保鲜膜，放入蒸锅中蒸至奶酪熔化，约 10 分钟左右。

粥是非常受欢迎的主食，但光给宝宝喝白粥，营养成分会比较单一。这碗独特的五彩豆奶粥，包含了谷类、蔬菜与大豆类，不光营养丰富，颜色也非常艳丽，让宝宝看着就非常有食欲。

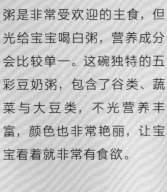

04

超有营养，养护肺脏

五彩豆奶粥

🕐 20min　🍳 ★★

食材清单：

胡萝卜	20 克
西蓝花	20 克
红色彩椒	10 克
黄色彩椒	10 克
七倍粥	150 克
豆浆	适量

制作过程：

1. 将胡萝卜洗净、去皮，切成小丁；将西蓝花洗净，去除根茎部位；将红色彩椒和黄色彩椒洗净，切成小丁。
2. 将上述准备好的食材一同放入料理杯中，打成碎末状。
3. 锅中加入适量清水，倒入打好的蔬菜碎末，大火煮沸。
4. 改小火，倒入豆浆，慢慢煮至蔬菜软烂，加入煮好的七倍粥，搅拌均匀，待烧热后即可盛出。

保护眼睛，香甜软滑

胡萝卜椰汁布丁饭

🕐 35min 🍳 ★★

🥕 **食材清单：**

大米 . . . . 90 克
椰汁 . . . . 180~200 毫升
胡萝卜 . . . . 1 根

椰汁香甜可口，富含蛋白质、脂肪、维生素 C
及钙、磷、铁等矿物质，是营养极为丰富的水
果。这碗胡萝卜椰汁布丁饭融入了椰汁的香甜，
口感软糯，就像美味的布丁一样，定能俘获你
家的馋嘴宝宝。

🍲 **制作过程：**

1. 将大米洗净，与适量清水一起倒入锅中，大火煮
   沸，转小火煮 20 分钟。
2. 关火，加入椰汁，搅拌均匀，放凉，盛入料理杯
   中搅打成泥状。
3. 将胡萝卜洗净、去皮，切成小块，蒸熟，研磨
   成泥。
4. 将胡萝卜泥加在椰汁饭上，即可食用。

手指食物，预防便秘

燕麦紫薯磨牙棒

⏱ 45min 🍳 ★★★★

香脆的燕麦遇上甜蜜的紫薯，味道一级棒，作为手指食物再好不过啦，还能促进肠道蠕动。

🥕 **食材清单：**

紫薯 . . . . 270 克
燕麦 . . . . 30~40 克
草莓 . . . . 适量
植物油 . . . . 少许

🍲 **制作过程：**

1. 将紫薯洗净、切开，放入蒸锅中蒸熟，取出，研磨成泥。

2. 将草莓洗净，切成小碎丁。

3. 在紫薯泥中分批加入燕麦，翻拌均匀，倒入草莓丁，翻拌均匀，制成一个不粘手的紫薯团。

4. 将紫薯团放在硅油纸上，压扁压平呈一个均匀的长方形。

5. 将紫薯团切成大小相近的条状，放在铺好硅油纸的烤盘内，在硅油纸上刷上少许植物油，也可不刷。

6. 将烤盘放入预热的烤箱中，上下火中层 180℃，烤10~15 分钟。

口蘑中蛋白质和维生素 B_2 的含量是菇类中较高的，还含有丰富的膳食纤维。养胃的小米粥，加上鲜美的蘑菇和浓郁的奶酪，营养充足，香味四溢。

促进消化，香浓有营养

口蘑奶酪小米粥

 25min ★★

🥕 食材清单：

小米 . . . . 50 克
口蘑 . . . . 3 朵
奶酪 . . . . 适量
水 . . . . 适量

小贴士
鲜奶酪最好，不要购买奶油奶酪或者含钠量高的奶酪。

🍲 制作过程：

1. 将口蘑冲洗干净，放入盐水中浸泡一会儿，再次冲洗干净，去除菇柱，切成碎末。
2. 将奶酪切成小块状。
3. 将小米洗净，与适量清水一起倒入锅中，大火煮沸，转小火炖煮。
4. 倒入切碎的口蘑，大火煮沸，搅拌均匀，转小火炖煮至熟软。
5. 小米粥煮熟后关火，倒入奶酪碎丁，搅拌均匀至全部化开，彻底混合。

08

补充蛋白质，补充维生素C

荠菜豆腐羹

⏱ 20min   🍳 ★★

豆腐中蛋白质含量较高，加上荠菜富含维生素C、胡萝卜素、纤维素和多种微量元素，对宝宝身体发育非常有益。

🥕 **食材清单：**

荠菜 . . . . 30 克
豆腐 . . . . 90 克
猪里脊 . . . . . 10~20 克

葱花 . . . . 少许
淀粉 . . . . 适量
植物油 . . . . 适量

🍲 **制作过程：**

1. 将荠菜洗净，焯水，去除根部，取叶子切成碎末。

2. 将豆腐冲洗干净，用筷子捣烂。

3. 将猪里脊洗净，去腱膜，焯水，捞出洗净，切成碎末。

4. 锅中刷上一层油烧热，倒入荠菜碎末和豆腐，煸炒至熟，加入适量清水和肉末煮沸，转小火炖煮 15 分钟。

5. 淀粉加清水调开，倒入锅中勾芡，再撒上葱花。

三文鱼含有非常丰富的不饱和脂肪酸，能促进宝宝大脑的发育，搭配软糯的山药、香甜的南瓜和养胃的米粥，挑剔的宝宝也能喝上一大碗！

营养大脑，养胃护肠

南瓜山药三文鱼粥

 20min ★★★

🥕 食材清单：

大米 . . . . 30 克
山药 . . . . 20 克
南瓜 . . . . 30 克
三文鱼 . . . . 50 克

🍲 制作过程：

1. 将大米清洗净，放入锅中，加入 10 倍量清水熬煮成粥。

2. 将山药、南瓜分别洗净，切成小块；三文鱼洗净，切片。

3. 将所有食材蒸熟，约 10~15 分钟，三文鱼去刺。

4. 将所有食材放入料理杯中，搅打成泥；拌入煮好的粥中。

10

手指食物，锻炼咀嚼能力

电饭锅蛋糕

⏱ 60min 🍳 ★★★★

从外面购买的蛋糕大多油、糖含量过高，不适合给宝宝吃。自制蛋糕更健康，绵软易嚼，很适合刚刚具备咀嚼能力的宝宝。

🥕 **食材清单：**

低筋面粉 . . . . 90 克
鸡蛋 . . . . 4 个
糖粉 . . . . 40 克
牛奶 / 配方奶 . . . . . . 50 毫升
植物油 . . . . 40~50 毫升

🍲 **制作过程：**

1. 将蛋清和蛋黄分离，分别装入干净的容器中。

2. 在蛋黄中加入 10 克糖粉，用打蛋器打发至体积变大、颜色变浅的浓稠状。

3. 加入植物油翻拌均匀，倒入牛奶 / 配方奶 50 毫升翻拌均匀，筛入低筋面粉，用刮刀快速地翻动面糊。

4. 将蛋清用打蛋器打到有鱼泡眼的时候，加入 10 克糖粉，继续打至出现细腻的小泡，再加入 10 克糖粉，打至蛋清呈黏稠状，将剩余的糖粉全部加入，打发至可拉出直立尖角的干性发泡状。

5. 将打好的蛋清分 3 次拌入蛋黄糊里，需用刮刀从底部往上快速翻拌均匀。

6. 将蛋糕糊倒入电饭锅中，使用煮饭功能，40 分钟左右即可。

9 月 +
让宝宝练习自己抓东西吃

● 9 月龄宝宝辅食添加要点

1. 吃泥状食物一段时间后，要及时调整食物的形态，逐渐过渡到碎末状、小块状食物，长期吃泥状食物不利于锻炼宝宝的咀嚼能力，还可能造成一岁以后厌食（没嚼头的不愿意吃，有嚼头的咽不下）。

2. 9 月龄宝宝可以练习自己抓东西吃，有助于提高手眼协调能力和咀嚼能力，还能改善宝宝需要引逗才愿意吃东西的状况。适合给宝宝手抓的食物：经过蒸、煮、烤的红薯、西蓝花、花菜、胡萝卜、南瓜等蔬菜；生的质地较软的蔬菜，比如黄瓜；各种水果；烤面包、奶酪或面条。

3. 对于宝宝不爱吃的食物，可以将它混在其他食物里，让宝宝开开心心地吃下去，但是别太心急，一下子加很多就容易"暴露"。

● 9 月龄宝宝一天怎么吃？

宝宝的第 1 餐：母乳或配方奶

宝宝的第 2 餐：主餐 1

宝宝的第 3 餐：点心

宝宝的第 4 餐：母乳或配方奶

宝宝的第 5 餐：点心＆自主进食

宝宝的第 6 餐：主餐 2

宝宝的第 7 餐：母乳或配方奶

9 月龄宝宝一周辅食计划表

天数	主餐 1	点心	主餐 2	点心 & 自主进食
Day 1	混合蔬菜泥 + 羊肉泥 + 混合谷物米粉	面包干 + 酸奶	豌豆玉米泥 + 圆圈面 + 南瓜鸡蛋三文鱼泥	西梅泥 + 酸奶
Day 2	胡萝卜土豆牛肉泥 + 玉米泥 + 混合谷物米粉	杧果香蕉果泥 + 酸奶	自制番茄酱 + 圆圈面 + 鸡肉松 + 水蒸蛋	梨条 + 酸奶
Day 3	奶酪番茄炒鸡蛋 + 混合谷物米粉	苹果片 + 酸奶	南瓜豌豆红薯泥 + 鳕鱼 + 圆圈面	牛油果 + 酸奶
Day 4	包菜胡萝卜猪肉泥 + 混合谷物米粉	杧果泥 + 酸奶	板栗南瓜三文鱼泥 + 水蒸蛋	自制饼干 + 酸奶
Day 5	猪肝泥 + 自制番茄酱 + 意面	牛油果泥 + 酸奶	胡萝卜豌豆包 + 混合谷物米粉	南瓜红薯泥 + 酸奶
Day 6	奶酪炒茶鸡蛋 + 芝麻酱 + 意面	香蕉红薯泥 + 酸奶	土豆胡萝卜莲藕牛肉泥 + 混合谷物米粉	泡芙 + 酸奶
Day 7	青菜玉米虾肉 + 芝麻酱 + 意面	自制饼干 + 酸奶	香菇胡萝卜鸡蛋猪肉粥	梨 + 酸奶

给宝宝更多的美味

① 酸奶牛油果蛋黄酱   ② 西葫芦玉米通心粉   ③ 豆腐时蔬蒸鸡蛋
④ 胡萝卜鲜虾鱼丸汤   ⑤ 香软牛肉蛋炒饭   ⑥ 龙利鱼山药羹
⑦ 青菜鱼肉鸡蛋羹   ⑧ 烤馒头 + 牛奶燕麦   ⑨ 西蓝花土豆饼
⑩ 宝宝清新面

01

超有营养，手指食物

酸奶牛油果蛋黄酱

 20min ★★

蛋黄富含蛋白质和铁元素，捣碎的熟蛋黄配上牛油果，再加上润滑美味的酸奶，是配吐司面包的完美之选。这道辅食给宝宝作为早餐超级赞，作为外出携带的小零食也很方便。

🥕 食材清单：

鸡蛋 . . . . 2~3 个

酸奶 . . . . 2 勺

牛油果 . . . . 1/2 个

吐司面包 . . . . 1 片

小贴士
去掉的面包边皮不要浪费，放在烤箱里稍微烤一下，脆脆的很好吃，也可以给宝宝当作磨牙的手指食物。

🍲 制作过程：

1. 将鸡蛋煮熟剥出蛋黄，研磨成泥。
2. 将牛油果去壳，取一半的果肉，切成小块，研磨成泥。
3. 在牛油果泥、蛋黄泥中加入酸奶，搅拌均匀制成牛油果蛋黄酱。
4. 将面包切除四个边，涂抹适量的酱，切成小块。

通心粉是西餐中的常见食材，很多宝宝都很喜欢它的口感。这碗西葫芦玉米通心粉，食材丰富，玉米自带甜甜的味道，渗入浓浓的奶香中，轻而易举就能激发宝宝的食欲。

多重营养，补充奶量

西葫芦玉米通心粉

 45min · ⊙ ★★★

🥕 食材清单：

西葫芦 . . . . 40 克

玉米粒 . . . . 30 克

通心粉 . . . . 25 克

配方奶 . . . . 适量

🍲 制作过程：

1. 将煮熟的玉米粒放入料理杯中，加入适量配方奶，打成糊状。

2. 将通心粉浸泡 15~30 分钟，捞出切成适合宝宝食用的长度。

3. 将西葫芦洗净、去皮，切成小丁。

4. 在锅中加入清水煮沸，放入通心粉搅拌一下，加入西葫芦丁煮沸，转小火煮至软烂，10~15 分钟，煮的过程中不要盖锅盖。

5. 将通心粉、西葫芦盛出，沥水，加入玉米糊翻拌均匀，再加入适量配方奶调至适合的浓稠度。

营养丰富，增强体质

豆腐时蔬蒸鸡蛋

🕐 15min　🍳 ★★★

水蒸蛋滑滑嫩嫩的，制作起来也方便，是妈妈们翻牌率很高的一款辅食。在单调的蒸蛋中，加入豆腐以及青菜、洋葱、彩椒等蔬菜，口感和色泽更加丰富，营养也更加全面。

 食材清单：

豆腐 . . . . 40 克

鸡蛋 . . . . 1 个

彩椒 . . . . 5~6 克

青菜叶 . . . . 5~6 克

洋葱 . . . . 少许

温水 . . . . 适量

 **制作过程：**

1. 将豆腐洗净，用筷子捣烂，放入筛子中，用汤匙压出细腻的泥。

2. 将鸡蛋打散，搅拌均匀；彩椒、青菜叶、洋葱分别洗净，切成碎末。

3. 将所有蔬菜倒入鸡蛋液中搅拌均匀，加入适量温水搅拌，盖上保鲜膜。

4. 将鸡蛋液放入蒸锅中，大火煮沸后，转小火，保持锅盖留一条细缝继续蒸 10 分钟左右。

龙利鱼富含蛋白质、不饱和脂肪酸，且肉质鲜嫩。配上有补钙作用的鲜虾，制成鱼丸后口感爽滑，鲜味十足，连大人都忍不住想吃上几个。

促进大脑发育，补充钙质

胡萝卜鲜虾鱼丸汤

 25min  ★★★

🥕 食材清单：

龙利鱼 . . . . 60 克

鲜虾仁 . . . . 30 克

胡萝卜 . . . . 20 克

蛋清 . . . . 15 克

淀粉 . . . . .12 克

葱末 . . . . 少许

水 / 骨头汤 . . . . . 适量

🍲 制作过程：

1. 将龙利鱼洗净，切成小块；虾仁洗净，切成丁；将鱼肉、虾肉放入料理杯中，搅打成泥。

2. 在鱼虾肉泥中加入蛋清、葱末和适量淀粉搅拌均匀。

3. 锅中加水煮沸，用汤勺挖取肉丸放入锅中，待丸子漂起来后，盛出。

4. 胡萝卜洗净，去皮，切成片状，用模具压出花状。

5. 锅中倒入清水（骨头汤）煮沸，放入胡萝卜煮至熟软（也可以在胡萝卜表面刷上一层薄薄的油，煸炒一下再放入清水中煮）。

6. 在锅中加入 3~5 个丸子，转小火煮 2~3 分钟，即可出锅。

05

强身健体，促进发育

香软牛肉蛋炒饭

 20min　 ★★★

牛肉富含蛋白质，且所含氨基酸比猪肉中的氨基酸更接近人体需要，有助于促进宝宝生长发育。这碗蛋炒饭，有主食，有肉类，有鸡蛋，有蔬菜，口感也很软糯，非常适合宝宝食用。

🥕 **食材清单：**

牛肉 . . . . 40 克
鸡蛋 . . . . 1 个
五倍粥 . . . . 150 克
生粉 . . . . 适量
葱 . . . . 少许
青菜 . . . . 少许
植物油 . . . . 少许

🍲 **制作过程：**

1. 将牛肉洗净，去腱膜，切成小块，放入料理杯中打成碎末，加入适量生粉静置一会儿。
2. 将葱和青菜叶分别洗净，切成碎末。
3. 将鸡蛋打入五倍粥中，搅拌均匀。
4. 锅中倒入适量植物油烧热，倒入葱末和牛肉末煸炒熟，倒入五倍粥翻炒，直至收汁。
5. 撒上青菜碎末翻拌均匀，即可出锅。

滋补强身，补脑养胃

龙利鱼山药羹

⏱ 20min 🍳 ★★★

龙利鱼富含蛋白质和不饱和脂肪酸，搭配高营养的山药，就是一道滋补大餐。山药软糯，龙利鱼口感嫩滑，加上葱姜的香味，宝宝不爱吃才怪。

  **食材清单：**

龙利鱼 . . . . 35 克
山药 . . . . 60 克
鸡蛋 . . . . 1 个
枸杞子 . . . . 3 粒
葱末 . . . . 少许
姜末 . . . . 少许
生粉 . . . . 适量
橄榄油 . . . . 适量

🍲 **制作过程：**

1. 将龙利鱼洗净，切成丁状，加入适量生粉静置一会儿。

2. 将山药洗净，去皮，切成块状，放入料理杯中打成泥浆状。

3. 鸡蛋打入碗中，搅拌均匀。

4. 锅中刷上一层薄薄的橄榄油，放入葱姜碎末炒香，倒入龙利鱼丁煸炒至五成熟，盛出。

5. 重新起锅，倒入山药泥和适量清水煮沸，加入枸杞子和煸炒过的龙利鱼丁煮沸，淋入蛋液，搅拌均匀即可。

这碗美味的鸡蛋羹，不仅有蛋有奶，还含有高营养的鳕鱼，可以为宝宝补充优质蛋白和 DHA，青菜中含有丰富的维生素和膳食纤维，更能为宝宝的营养加分。

增强体质，养护大脑

青菜鱼肉鸡蛋羹

 20min ·  ★★★

🥕 食材清单：

蛋黄 .... 2 个
配方奶 .... 适量
鳕鱼 .... 20 克
青菜叶 .... 3~5 片
植物油 .... 少许

🍲 制作过程：

1. 将蛋黄打散，加入同蛋液等量的配方奶，搅拌均匀，蒸熟。
2. 将青菜洗净，焯熟，捞出，取菜叶切碎。
3. 将鱼肉洗净，蒸熟，取出鱼刺，用手捏成碎末。
4. 在锅中刷入少量植物油烧热，倒入青菜碎末和鱼肉末翻炒至熟。
5. 将青菜鱼肉碎末放在蒸好的鸡蛋羹上即可。

营养早餐，激发食欲

烤馒头+牛奶燕麦

 10min  ★ ★ ★

🥕 **食材清单：**

刀切馒头 . . . . 1 个

鸡蛋 . . . . 2 个

草莓 . . . . 3~4 个

燕麦 . . . . 20 克

配方奶 . . . . 适量

金黄酥脆的馒头条十分诱人，让宝宝拿在手里还能激发宝宝自主进食的兴趣。烤馒头条配上一碗奶香十足的草莓燕麦粥，干湿结合，口感丰富，全面的营养更能让宝宝元气满满。

🍲 **制作过程：**

1. 将馒头切成约 1 厘米厚的长条。

2. 将鸡蛋黄和蛋清分离，蛋黄搅拌均匀。

3. 在烤盘上铺好硅油纸，将蛋黄液均匀地涂抹在馒头条上，摆在烤盘上，放入预热好的烤箱中，5分钟左右即可。

4. 将草莓洗净，切成小碎丁。

5. 锅中倒入燕麦和清水，煮至燕麦熟软，收汁后盛出，拌入草莓碎丁和温热的配方奶调匀。

09

维生素丰富，易于消化

西蓝花土豆饼

 30min　 ★★★

这款土豆饼外酥里嫩，色泽诱人，加上高营养的西蓝花和色泽鲜艳的彩椒，看着就非常有食欲，可以作为早餐食用，或者当作补充能量的小点心。

食材清单：

西蓝花	20 克
彩椒	20 克
土豆	160 克
淀粉	少许
植物油	少许

制作过程：

1. 将西蓝花、彩椒洗净，切成大块，焯熟，西蓝花取菜花头切碎，彩椒切碎。
2. 将土豆洗净，切片，蒸熟后研磨成泥。
3. 将土豆泥、西蓝花碎末、彩椒碎末混合均匀，加入适量淀粉，搅拌均匀。
4. 将蔬菜团搓成大小一致的小圆球，再压成饼状。
5. 煎锅中刷上一层薄薄的油烧热，放入蔬菜饼，煎至两面呈微黄色即可。

小贴士
宝宝的辅食要少油，在炒、煎食物时，用刷子刷油，可控制油的用量。

10

补充铁质，锻炼咀嚼能力

宝宝清新面

🕐 40min 🍳 ★★★★

吃腻了挂面或意面，是时候给宝宝尝一尝口感筋道的手擀面了。在面中加入富含维生素和膳食纤维的菠菜泥，小清新的颜色能俘获一大批小吃货。

  **食材清单：**

中筋面粉 . . . . 300 克
菠菜叶 . . . . 200 克
植物油 . . . . 少许

🍲 **制作过程：**

1. 将菠菜叶提前泡水洗净，取叶子焯水，捞出沥水，放入料理杯内打成细滑的泥糊。
2. 将面粉倒入大碗中，加入少许植物油及菠菜泥糊，混合搅拌均匀，揉成面团后静置 15 分钟左右（可以盖上一层保鲜膜）。
3. 将面团用擀面杖擀成厚度均匀的面片，切成大小粗细均匀的长条。
4. 锅中加入适量清水煮沸，倒入面条，煮沸后转小火煮至面条熟烂。

10 月 +
宝宝的饭量增大了

● 10 月龄宝宝辅食添加的要点

1. 如果前几个月正确添加辅食，那么这个阶段的菜单已经相当丰富啦。糕妈给年糕的菜单配置的原则是尽量丰富，主食、荤菜、蔬果都是轮着吃，一顿饭里有菜有肉有主食，每天下午吃酸奶和水果。很多职场妈妈确实没精力准备辅食，不一定一天吃那么多种，但至少每天都不一样。

2. 从 10 个月开始，每天喂辅食的次数应该是 3~4 次，包括 2~3 次主餐和 1 次点心。这个月龄的宝宝，辅食可以一次吃饱，不用再跟着喝奶了。但每天应保证 600 毫升的奶量，妈妈可根据自家宝贝的情况安排喝奶的时间，年糕一般是睡前和醒来的时候吃奶，日间视情况再吃一次。

3. 随着宝宝逐渐长大，胃口也会增大，增大的这部分食量由辅食来补充。当宝宝表现出食量增加时，就是给宝宝增加辅食的信号。

● 10 月龄宝宝一天怎么吃？

宝宝的第 1 餐：母乳或配方奶

宝宝的第 2 餐：早餐

宝宝的第 3 餐：点心

宝宝的第 4 餐：午餐

宝宝的第 5 餐：点心

宝宝的第 6 餐：晚餐

宝宝的第 7 餐：母乳或配方奶

10 月龄宝宝一周辅食计划表

天数	早餐	点心	午餐	点心	晚餐
Day 1	混合谷物米粉 + 水蒸蛋	泡芙 + 酸奶	青菜香菇肉末 + 面条	车厘子 + 奶	莴苣豆腐炖蛋
Day 2	小米粥 + 猪肉松 +1/2 个白煮蛋	蓝莓香蕉果泥	豌豆胡萝卜 + 软饭 + 排骨汤	牛油果泥 + 酸奶	南瓜生菜鸡肉粥
Day 3	混合谷物米粉 + 肉松 + 水蒸蛋	面包干 + 酸奶	土豆山药鸡汤 + 软饭	自制饼干 + 酸奶	豌豆南瓜炖鳕鱼
Day 4	1/2 个白煮蛋 + 南瓜粥	自制饼干 + 酸奶	混合蔬菜泥 + 牛肉松 + 面条	苹果片 + 奶	冬瓜山药炖排骨 + 混合谷物米粉
Day 5	白粥 + 牛肉松 + 红薯条	红薯条 + 酸奶	青菜豆腐鱼汤 + 混合谷物米粉	1/2 个香蕉 + 奶	胡萝卜洋葱牛肉 + 蛋黄粥
Day 6	混合谷物米粉 + 红薯条 + 苹果片	苹果片 + 酸奶	青菜鸡蛋猪肉面	南瓜 + 奶	玉米茼蒿 + 南瓜 + 肉松 + 鸡汤面
Day 7	小蛋糕 + 红枣粥	面包干 + 酸奶	番茄土豆牛肉羹 + 软面	杜果 + 酸奶	梨 + 南瓜西葫芦炒肉末 + 意面酸奶

给宝宝更多的美味

① 白玉肉丸青菜面疙瘩　　② 芝士蔬菜鸡蛋饼　　③ 红枣红薯米糕
④ 双色馒头　　　　　　　⑤ 鲜虾菌菇豆腐羹　　⑥ 蘑菇汤配吐司条
⑦ 紫甘蓝奶酪蛋黄卷　　　⑧ 荸荠鳕鱼糕　　　　⑨ 果蔬鸡蛋卷

01

锻炼咀嚼能力，营养美味

白玉肉丸青菜面疙瘩

⏱ 40min 🍳 ★★★★

面疙瘩是很有嚼头的食物，能锻炼宝宝的咀嚼能力。并且，面疙瘩和很多食物都能一起煮，搭配肉类和蔬菜，是省时省力的营养辅食。

 食材清单：

猪肉	200 克
鸡蛋	1 个
豆腐	适量
青菜	2 棵
面粉	60 克
洋葱	适量
生粉	少许
植物油	少许

 制作过程：

1. 将猪肉去腱膜，洗净，切块，用料理杯打成泥状。

2. 将豆腐洗净，切块；洋葱洗净、切碎，和豆腐一起打成泥状。

3. 将上述食材放入大碗中，搅拌均匀，加入鸡蛋、2 勺生粉搅拌均匀，将制好的馅料搓成小丸子，放入沸水中煮熟。

4. 在面粉中加水，边加边揉，揉至面团光滑，醒15 分钟左右，将醒好的面团捏成适合宝宝食用的小粒状，压扁。

5. 将青菜洗净，切成碎末。

6. 锅中倒入少量油烧热，放入青菜煸炒，加入适量水煮沸，放入捏好的面疙瘩煮熟，转小火，放入肉丸，煮至面疙瘩软烂即可。

手指食物，补充蔬菜

芝士蔬菜鸡蛋饼

 30min ★★★

这款鸡蛋饼食材丰富、色彩缤纷、蛋香味与奶香味完美融合，专治不爱吃蔬菜的宝宝。鸡蛋饼便于宝宝咀嚼，还适合作为手指食物！

🥕 食材清单：

鸡蛋 . . . . 3 个

洋葱 . . . . 10 克

茭白 . . . . 10 克

香菇 . . . . 10 克

南瓜 . . . . 10 克

面粉 . . . . 1 勺

奶酪碎屑 . . . . 适量

植物油 . . . . 适量

🍲 制作过程：

1. 将洋葱、茭白、香菇、南瓜分别处理干净，切成碎末。

2. 锅中倒入适量油烧热，倒入上述蔬菜煸炒至熟，盛出。

3. 将鸡蛋打入炒好的蔬菜中搅拌均匀，加入奶酪碎屑、面粉搅拌均匀。

4. 在烤碗内铺上硅油纸，刷上一层薄薄的油，倒入蔬菜鸡蛋液。

5. 将烤碗放入预热好的烤箱中，中层上下火 180℃，20 分钟左右。

6. 烤好后取出冷却，切成适合宝宝抓握的形状。

红枣红薯米糕的外形就像一个汉堡，口感香甜软糯。红枣是宝宝很好的"调味料"，富含多种营养物质；红薯富含膳食纤维，可以养护肠道。

保护肠道，香甜软糯

红枣红薯米糕

🕐 40min   🍳 ★★★

🥕 食材清单：

大米 . . . . 100 克

红枣 . . . . 80 克

红薯 . . . . 100 克

黑芝麻 . . . . 少许

小贴士

小宝宝还不能充分咀嚼红枣皮，需要将红枣皮去掉。先将红枣放在水中浸泡 3 小时，再放入锅中充分煮软，待红枣完全泡开发胀后，剥皮就很简单。

🍲 制作过程：

1. 锅中加入适量的水，放入洗净的大米，煮成稍软的米饭，盛出。

2. 将红薯洗净、切段；红枣洗净，去核；将红薯块和红枣放入蒸锅中蒸熟。

3. 将红薯去皮，用勺子或研磨碗压成泥；将红枣放入料理杯内，打成泥状。

4. 在柱形模具内涂上薄薄一层油，底部垫在盘子上，铺上一层米饭，压平压实；在米饭上铺上红薯泥，再铺上红枣泥。

6. 再在顶部铺一层米饭，填满模具，将做好的米糕慢慢推出模具，在表面撒上黑芝麻即可。

04

色彩丰富，富含果胶

双色馒头

🕐 35min 🍳 ★★★★★

给普通的白馒头来一次变身，在和面的过程中加入自带天然甜味和鲜艳色彩的紫薯和红薯，不仅大大丰富了馒头的营养，对付不爱吃饭的宝宝也很有效。

🥕 **食材清单：**

面粉 . . . . 500 克
酵母 . . . . 6~10 克
紫薯 . . . . 200 克
红薯 . . . . 200 克
配方奶 . . . . 适量

🍲 **制作过程：**

1. 将紫薯、红薯分别洗净、切开，蒸熟后研磨成泥。
2. 将 50 克配方奶倒入 3~5 克酵母中搅拌均匀，静置一会儿。
3. 取 250 克面粉放在盆中，倒入酵母配方奶混合液，慢慢搅拌均匀，加入紫薯泥，揉至面团光滑。
4. 紫薯面团盖上保鲜膜发酵至 1.5~2 倍，以同样的方式准备红薯面团。
5. 取等量的紫薯团和红薯团揉成长条状，将两个面团揉成螺旋状面团，切成小块静置一会儿，进行二次发酵，为 15~20 分钟。
6. 锅中加水蒸馒头，煮沸后转中火蒸 20 分钟，关火后继续焖 5 分钟。

> **小贴士**
> 除了将面团切块外，还可以使用各种模具做出可爱的造型，比如玫瑰花、双色卷、小动物等等。

强健骨骼，增强体能

鲜虾菌菇豆腐羹

⏱ 25min 🍳 ★★★

鲜虾、豆腐都是非常好的补钙食材，菌菇中富含维生素 D，能促进钙质吸收。鲜虾、豆腐和鸡蛋还是蛋白质的优质来源，加入黑木耳、番茄后食材更加丰富，能给宝宝提供全面的营养。

 食材清单：

鲜虾 / 虾仁......5 只
蘑菇........ 2~3 朵
黑木耳干 ..... 3~5 克
番茄..........1/2 个
豆腐...........1 块
鸡蛋...........1 个
植物油 .... 适量
葱 / 香菜叶 ..... 少许

 **制作过程：**

1. 将黑木耳干泡发冲洗干净，放入盐水中浸泡一段时间，捞出，切成碎末。

2. 将新鲜蘑菇洗净，去除菇柱，切成碎末。

3. 豆腐洗净，用筷子捣烂；番茄洗净、去皮，切丁。

4. 虾仁洗净，放入料理杯中打成碎末。

5. 锅中倒入适量油烧热，倒入虾末、番茄丁、蘑菇丁、黑木耳末煸炒至熟，加适量清水搅拌均匀，煮 3~5 分钟至熟软。

6. 倒入豆腐，继续煮 1~2 分钟，转小火，打入鸡蛋，撒上葱花 / 香菜叶，搅拌均匀即可。

06

吐司条经过烤制后非常酥脆诱人，让宝宝蘸着香浓的蘑菇汤食用，每一口都是舌尖上的极致享受。让宝宝蘸着吃，还能充分发挥宝宝的主观能动性，让他获得满满的成就感。

锻炼主动性，营养丰富

蘑菇汤配吐司条

 30min　★★★★

🥕 食材清单：

蘑菇 . . . . 6 朵
配方奶 / 牛奶 . .1 大杯
黄油 . . . . 30 克
面粉 . . . . 40 克
淡奶油 . . . . 1 勺
糖粉 . . . . 少许
芹菜叶 . . . . 少许
吐司 . . . . 2 片
水 . . . . 适量

🍲 制作过程：

1. 将新鲜蘑菇洗净，去除菇柱，切成片状；芹菜叶洗净，切成碎末。

2. 取 20 克黄油倒入锅中，小火加热至熔化，倒入面粉，翻炒至呈微黄色，倒入配方奶 / 牛奶、淡奶油和糖粉，搅拌均匀。

3. 加入清水和蘑菇片，转中火煮至熟软，拌入芹菜碎末，煮成蘑菇汤。

4. 将剩余的黄油放入锅中加热至熔化，拌入芹菜碎末制成黄油混合液。

5. 将吐司切成长条状，四周刷上黄油混合液，撒上少许糖粉，放入预热好的烤箱，中层上下火 180℃，5 分钟左右。

07

补充营养，制作简单

紫甘蓝奶酪蛋黄卷

🕐 25min　🍳 ★★★

蛋白质和铁元素满满的蛋饼，配上营养超级丰富的紫甘蓝、补钙的奶酪，就是一款营养丰富的辅食。这道蛋黄卷大人和宝宝都可以吃，轻轻松松就能搞定全家人的早餐。

  **食材清单：**

紫甘蓝	1 片
小黄瓜	20 克
鸡蛋	3 个
彩椒	少许
奶酪	少许
橄榄油	少许

🍲 **制作过程：**

1. 将奶酪切成小块；小黄瓜洗净、去皮，切成小碎丁。
2. 将紫甘蓝洗净，取叶子部分；彩椒洗净，和紫甘蓝一同放入沸水中焯熟，捞出，切成碎末。
3. 将鸡蛋的蛋黄、蛋清分离，取出蛋黄搅拌均匀。
4. 将奶酪块、小黄瓜丁、紫甘蓝末、彩椒末倒入蛋液中，混合搅拌均匀。
5. 锅中刷上少许橄榄油烧热，倒入蛋黄混合液，摊成蛋饼。
6. 蛋饼熟后盛入盘中，卷起来，切成适合宝宝食用的形状。

金黄软绵的糕点，配上颜色好看的彩椒，肯定能激发宝宝的食欲。这款糕点还加入了清爽可口的荸荠，以及 DHA、钙、铁、锌都很丰富的鳕鱼，能同时补充宝宝需要的多种营养素。

养肺补脑，激发食欲

荸荠鳕鱼糕

 30min  ★★★

🥕 食材清单：

鳕鱼 . . . . 100 克
荸荠 . . . . 3 个
鸡蛋 . . . . 3 个
洋葱 . . . . 5 克
彩椒 . . . . 10 克
面粉 . . . . 20 克
清水 . . . . 30 毫升

🍲 制作过程：

1. 将鳕鱼洗净切块，去皮去刺。

2. 将荸荠洗净，去皮，切块；将洋葱、彩椒切成碎末；鸡蛋打散搅拌成蛋液。

3. 将鳕鱼块和荸荠块放入料理杯内打成泥状，倒入蛋液中，加入洋葱碎末、彩椒碎末，搅拌均匀。

4. 在混合液中加入少许面粉和清水搅拌均匀，倒入模具中。

5. 将模具放入蒸锅中，大火蒸 20 分钟左右。

手指食物，美味早餐

果蔬鸡蛋卷

⏱ 20min 🍳 ★★★

鸡蛋卷是常见的手指食物，富含维生素的油麦菜和胡萝卜，加上高营养的牛油果，可以做出营养和口感都翻倍的鸡蛋卷。

 食材清单：

油麦菜 . . . . 2 片
胡萝卜 . . . . 10 克
牛油果 . . . . 10 克
鸡蛋 . . . . 1 个
植物油 . . . . 少许

 **制作过程：**

1. 将胡萝卜和油麦菜洗净，煮熟，切成碎末。
2. 将牛油果去皮去核，切丁；鸡蛋打散，搅拌成蛋液。
3. 锅中刷上一层薄薄的油烧热，倒入鸡蛋液，小火摊成鸡蛋饼。
4. 将所有食材均匀地铺在上面，卷起鸡蛋饼，切成小段。

小贴士

如果宝宝抓不紧鸡蛋饼，可以将胡萝卜丁、油麦菜末和牛油果丁先拌入蛋液中，再摊成鸡蛋饼。

11 月 +
逐步向成人饮食过渡

● 11 月龄宝宝辅食添加的要点

　　1. 宝宝白天的进食时间可与大人一致，但大人的食物不能直接给宝宝吃，因为成人食物中含有的调味品较多，不适合给宝宝吃，还是要单独给宝宝做辅食。

　　2. 从这个阶段开始，宝宝与宝宝之间的进食量差异明显，家长没必要经常拿自家孩子和别的宝宝比较，只要宝宝生长发育正常，就是成功的喂养。

● 11 月龄宝宝一天怎么吃？

　　宝宝的第 1 餐：母乳或配方奶

　　宝宝的第 2 餐：早餐

　　宝宝的第 3 餐：点心

　　宝宝的第 4 餐：午餐

　　宝宝的第 5 餐：点心

　　宝宝的第 6 餐：晚餐

　　宝宝的第 7 餐：母乳或配方奶

11 月龄宝宝一周辅食计划表

天数	早餐	点心	午餐	点心	晚餐
Day 1	馒头 + 草莓	小蛋糕 + 奶	蔬菜鸡蛋饼 + 冬瓜排骨汤	甜瓜 + 奶	小米肉丸汤 + 青菜鸡蛋面
Day 2	白粥 + 鸡肉松 +1/2 个白煮蛋	自制饼干 + 酸奶	胡萝卜豆腐 芹菜牛肉羹	杞果 + 酸奶	番茄奶酪鸡蛋贝壳面 + 鸡肉松
Day 3	混合谷物米粉 + 水蒸蛋	香蕉红薯泥 + 酸奶	包菜肉末粥 + 红薯条	牛油果泥 + 酸奶	豆腐鱼丸汤 + 软饭 + 芝麻酱
Day 4	牛油果香蕉鸡蛋饼	车厘子 + 奶	玉米山药 莲藕排骨汤 + 软饭	自制饼干 + 奶	胡萝卜黑木耳豆腐羹 + 软饭
Day 5	凤梨南瓜粥 +1/2 个白煮蛋	半个香蕉 + 酸奶	西蓝花土豆鸡肉 + 面条	奶酪条 + 草莓	蔬菜鸡蛋饼 + 豆腐鱼汤
Day 6	三文鱼肉松 + 白粥	面包干 + 酸奶	青菜香菇虾丸汤 + 螃蟹肉 + 软饭	西梅 + 奶	山药莴苣肉末鸡蛋面
Day 7	蔬菜牛油果鸡蛋饼	牛油果泥 + 酸奶	南瓜鳕鱼玉米面条	小蛋糕 + 奶	紫甘蓝豌豆泥 + 鸡肉粥 + 紫薯条

给宝宝更多的美味

① 老豆腐炒时蔬　　　② 三色鳕鱼面　　　③ 西葫芦鸡蛋饼 + 小米粥
④ 西班牙土豆饼　　　⑤ 卡通核桃黄油饼干

01

开胃，食材丰富

老豆腐炒时蔬

 15min · ★★★

玉米和胡萝卜自带天然甜味，是很好的天然"调味料"，并且这道老豆腐炒时蔬集多种颜色于一体，宝宝见了一定胃口大开。

食材清单：

老豆腐 . . . . 85 克
紫甘蓝 . . . . 1 片
香菇 . . . . 2 朵
胡萝卜 . . . . 30 克
玉米粒 . . . . 20 克
洋葱 . . . . 10 克
芝麻油 . . . . 适量

制作过程：

1. 将紫甘蓝洗净，去除茎部，焯水，切碎；胡萝卜洗净，去皮，切块；香菇洗净，去除菇柱，切片；将胡萝卜、香菇、玉米粒放入锅中煮沸，捞出切碎。

2. 将洋葱洗净，切成碎末；老豆腐洗净切成小块，捣碎。

3. 锅中倒入芝麻油烧热，倒入洋葱碎末煸香，倒入所有蔬菜碎末翻炒至软烂，加入老豆腐翻炒 1 分钟，适当加点清水，煮至熟烂。

02

有补脑作用的优质蛋白

三色鳕鱼面

🕐 15min　🍳 ★★★★

鳕鱼含有丰富的蛋白质、DHA 与不饱和脂肪酸，有助于促进宝宝脑部发育，还含有人体所必需的维生素 A、维生素 D、维生素 E，对宝宝的免疫系统和骨骼发育都有帮助。

 食材清单：

香菇 . . . . 1 朵
鳕鱼 . . . . 30 克
彩椒 . . . . 10 克
小番茄 . . . . 3 个
挂面 . . . . 25 克
植物油 . . . . 少许
蒜末 . . . . 少许
葱末 . . . . 少许

 制作过程：

1. 将新鲜香菇洗净，切成碎末；彩椒洗净，切成细丝状；小番茄洗净，切成片状。

2. 将鳕鱼洗净，上面放一片柠檬静置一会儿以帮助去腥，然后去皮去骨，切成小丁。

3. 将挂面掰成适合宝宝咀嚼和吞咽的长度，煮熟，捞出过凉水沥干。

4. 锅中刷上一层薄薄的植物油，倒入蒜末炒香，倒入香菇碎末、彩椒丝、小番茄片和鳕鱼丁，小火翻炒成稠汁状，取出小番茄皮。

5. 最后撒上葱末翻拌均匀，淋在面条上。

干湿搭配，锻炼手指

西葫芦鸡蛋饼+小米粥

 25min  ★★★

对小宝宝来说，能和爸爸妈妈吃一样的早餐，感觉真是棒极了！金灿灿的小米粥，配上清清爽爽的西葫芦鸡蛋饼，最朴素的美味和营养，带给宝宝的是温暖的满足感。

食材清单：

西葫芦	1 个
鸡蛋	1 个
面粉	80 克
小米	25 克
大米	10 克
芝麻油	少许
植物油	少许

制作过程：

1. 将小米和大米洗净，与适量水一起倒入锅中，大火煮沸，转小火炖煮成粥。

2. 将西葫芦洗净，去皮，擦成细丝状，倒入沸水锅中焯一下，捞出沥水。

3. 在西葫芦丝中打入 1 个鸡蛋，充分打散，滴入少许芝麻油搅拌均匀。

4. 筛入面粉，混合翻拌均匀至呈黏稠状，适当加水调和。

5. 锅中刷上一层植物油烧至七八成热，转中火，倒入面糊，煎至两面呈金黄色盛出。

6. 将鸡蛋饼盛出，根据宝宝的实际抓握能力切成小块。

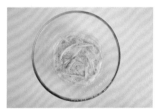

小贴士

如果想要鸡蛋饼软一些，可以将面糊摊得厚一些；如果想要酥脆一点，面糊要摊得薄一些。

锻炼咀嚼能力，增强体质

西班牙土豆饼

🕐 35min　　🍳 ★★★★

进入 11 个月后，要多让宝宝尝试一些有嚼劲的食物。土豆中的维生素含量丰富，又能代替主食，再加上可补铁补钙的猪肉，制成软嫩筋道的土豆饼，非常受宝宝欢迎。

🥕 食材清单：

土豆.........160 克	洋葱..........10 克
猪里脊........20 克	奶酪..........1 块
鸡蛋..........1 个	橄榄油........适量

🍲 制作过程：

1. 将土豆、洋葱分别洗净、去皮，切成丁状；鸡蛋打散，搅拌成蛋液。

2. 将猪里脊洗净，切块，焯水，捞出，切成碎末。

3. 锅中刷上一层薄薄的油，倒入洋葱碎末煸炒出香味，倒入土豆丁翻炒至呈金黄色，加入少许清水，煮至土豆软烂。

4. 将土豆盛出，和奶酪一起研磨成泥，倒入蛋液中，加入肉末，搅拌均匀。

5. 锅中刷上一层薄薄的油，模具内侧也刷上一点，将土豆混合液倒入模具中，放入锅中加热，待底部呈金黄色且定型后取出，放在烤盘内。

6. 将烤盘放入预热好的烤箱中，中层上下火 180℃，10 分钟左右即成。

> **小贴士**
> 加热模具中的土豆混合液时，要一边加热一边用勺子搅动，使混合液受热均匀，熟得更快些。

05

补脑，优质蛋白

卡通核桃黄油饼干

⏱ 50min 🍳 ★★★★

核桃含有大量优质蛋白，丰富的维生素、氨基酸和膳食纤维，能促进宝宝的大脑发育。将核桃饼干的图案制作得有趣一些，小宝宝们看到后一定爱不释手！

🥕 **食材清单：**

低筋面粉 . . . . 300 克
鸡蛋 . . . . 1 个
黄油 . . . . 150 克
核桃仁 . . . . 50 克
糖粉 . . . . 30 克

🍲 **制作过程：**

1. 将黄油切成小块，放入碗中隔水加热至熔化，将鸡蛋打散，分 2~3 次加入黄油中，每次加入后都需要充分搅拌均匀。

2. 在黄油鸡蛋混合液中加入糖粉，用打蛋器混合搅打均匀，筛入低筋面粉，揉成面团。

3. 将核桃仁放入料理杯中打成粉末，倒入面团，揉至均匀。

4. 在砧板上铺上硅油纸，用擀面杖擀平面团，厚度为 2~3 毫米。

5. 用模具压出卡通形状，放入烤盘内。

6. 将烤盘放入预热好的烤箱中，上下火 180℃，10 分钟左右，烤至呈金黄色。

12 月 +
给宝宝加点零食或点心

● 12 月龄宝宝辅食添加的要点

1. 12 个月以后的宝宝，3 次正餐并不能满足他一天的能量所需，且宝宝的胃容量有限，所以需要在正餐之间再为宝宝提供 2~3 次的零食或点心。

2. 12 个月之后的宝宝，每日奶量在 300~500 毫升，可以尝试多种奶制品，比如牛奶、酸奶、奶酪。计算全天总奶量即可，不是必须固定时间点。

3. 如果宝宝本身食量较小，可以减少点心的量，避免点心吃太多，正餐反而吃不下的情况。

4. 宝宝很喜欢与家人一起吃饭，只要饭菜清淡，就可以和大人同食了。

● 12 月龄宝宝一天怎么吃?

宝宝的第 1 餐：母乳或配方奶

宝宝的第 2 餐：早餐

宝宝的第 3 餐：点心

宝宝的第 4 餐：午餐

宝宝的第 5 餐：点心

宝宝的第 6 餐：晚餐

宝宝的第 7 餐：母乳或配方奶

12 月龄宝宝一周辅食计划表

天数	早餐	点心	午餐	点心	晚餐
Day 1	杂粮粥 + 牛肉松 +1/2 个白煮蛋	1/2 根香蕉 + 樱桃	米饭 + 胡萝卜玉米 + 豆腐鱼汤	自制饼干 + 奶	青菜肉丸 + 玉米面疙瘩
Day 2	葡萄干 水果燕麦粥	泡芙 + 苹果	蔬菜杂烩 牛肉炒饭	全麦面包 + 奶	番茄酱拌 小馄饨
Day 3	奶酪蔬菜鸡蛋饼 + 南瓜泥	1/4 个 火龙果	青菜胡萝卜 香菇猪肉面	杧果泥 + 酸奶	虾仁玉米青豆萝卜软饭 / 米饭
Day 4	水蒸蛋 + 鸡肉松 + 香橙吐司 1 片	泡芙 + 梨	香菇肉末豆腐炖饭 + 番茄蛋汤	自制饼干 + 奶	土豆三文鱼 鸡蛋面
Day 5	香蕉牛油果 鸡蛋饼	1/2 个杧果 + 少许溶豆	排骨干贝粥	火龙果 + 奶	青菜肉末拌面 + 南瓜紫甘蓝泥
Day 6	小米粥 + 三文鱼肉松 +1/2 个水煮蛋	香蕉 牛油果泥	胡萝卜豆腐 鸡肝拌面	面包屑 + 酸奶	排骨汤饭 + 胡萝卜黑木耳莴苣
Day 7	红薯南瓜苹果羹 + 小包子	自制饼干 + 西梅	洋葱土豆 牛肉拌饭	小蛋糕 + 奶	番茄奶酪鸡蛋 鳕鱼意面

给宝宝更多的美味

① 番茄牛肉什锦意面　　　② 南瓜坚果饼　　　③ 五彩美丽卡通饭
④ 三文鱼莴苣小煎饼　　　⑤ 香菇红枣栗子炖饭　　⑥ 缤纷多彩蔬菜饺
⑦ 鲜虾小番茄芝士意面　　⑧ 香甜牛奶黄瓜玉米粥

提升免疫力、营养全面

番茄牛肉什锦意面

 40min　🍳 ★★★★

这道辅食的食材超级丰富，可以让宝宝吃到蔬菜、肉类、主食、奶制品，不管是宝宝不爱吃饭，不爱吃肉，不爱吃菜，还是不爱喝奶，这一道辅食都能搞定。

 **食材清单：**

胡萝卜	1 根
西葫芦	40 克
刀豆	2 根
芸豆	30 克
番茄	250 克
意面	20~30 克
牛肉	40 克
奶酪碎	30 克
橄榄油	适量
洋葱末	适量
大蒜末	适量
生粉	适量

🍲 **制作过程：**

1. 将所有蔬菜洗净，胡萝卜、西葫芦切成碎末，刀豆切成小段，芸豆煮熟，番茄打成泥。

2. 将牛肉去腱膜、洗净，切块，放入料理杯内打成碎末，加入生粉和油搅拌均匀，静置一会儿。

3. 锅中倒入适量油烧热，放入洋葱末和大蒜末煸出香味，加入水和胡萝卜煮沸，转小火煮 5 分钟。

4. 放入西葫芦碎末、刀豆、芸豆、番茄泥、意面，搅拌均匀，煮沸后转小火，保持盖子开一点儿，煮至食材全部变软。

5. 加入牛肉末，大火煮沸，放入奶酪碎末，转小火略煮即可。

01

南瓜坚果饼既可以当主食，也可以当零食或小点心，用来对付不爱吃饭的宝宝很有效。

软饭硬吃，养护肠道

南瓜坚果饼

 25min  ★★★★

🥕 食材清单：

南瓜 . . . . 50 克
蛋黄 . . . . 1 个　　　软饭 . . . . 200 克
坚果 . . . . 60 克　　　面粉 . . . . 90 克
黑芝麻 . . . . . . 10 克　　　植物油 . . . . 适量

🍲 制作过程：

1. 将南瓜去皮、去子，洗净，切片，盖上保鲜膜放入蒸锅中蒸熟，取出，切成丁。

2. 将软饭倒入大碗中，倒入黑芝麻、坚果末和南瓜丁，搅拌均匀；将蛋黄倒入大碗中，翻拌均匀，加入面粉，翻拌成面粉糊。

3. 锅中倒入适量油烧热，倒入面粉糊，摊成饼状，小火煎至呈焦黄色。

03

高营养，高颜值

五彩美丽卡通饭

🕐 25min 🍳 ★★★★

对付不爱吃饭的宝宝，不仅要把辅食做得营养美味，还要做得漂亮。这款五彩美丽卡通饭，色彩鲜艳、美味可口，对宝宝具有满满的诱惑力。

🥕 **食材清单：**

玉米	30 克
豌豆	30 克
红色彩椒	20 克
黑木耳干	3 克
鸡肉	50 克
米饭	适量
植物油	适量
生粉	少许

🍲 **制作过程：**

1. 将玉米粒和豌豆粒洗净，煮熟；将黑木耳泡发，洗净，去掉硬的部分，切成碎末；红色彩椒洗净，切丁。
2. 将鸡肉洗净，去腱膜，切成碎丁，拌入少许生粉，静置一会儿。
3. 锅中倒入少许油烧热，倒入鸡肉丁翻炒至变色，倒入黑木耳末翻炒至熟，倒入红椒、玉米粒、豌豆粒翻炒至绵软。
4. 加入适量清水，倒入米饭翻拌均匀盛出。
5. 将米饭舀到模具中，做出造型可爱的卡通饭。

小贴士

清洗木耳时，加入少许淀粉抓洗一下，可去除木耳上的杂质，再用流动水冲洗干净；或者放入盐水中，轻轻揉匀，待水变混浊后冲洗干净。

强健大脑、手指零食

三文鱼莴苣小煎饼

⏱ 40min 🍳 ★★★★

金黄诱人的小煎饼，既有鱼又有菜，营养满分。清新的莴苣和酸甜的柠檬，更为这款小点心的口感加分，作为正餐之间的零食再好不过啦。

  食材清单：

全麦面包	2 片
三文鱼	350 克
鸡蛋液	100 克
莴苣	40 克
葱末	适量
柠檬汁	适量
植物油	少许

🍲 制作过程：

1. 将莴苣去皮、洗净，切片，焯熟，捞出，切成小碎丁。

2. 将三文鱼洗净，去皮、去刺，剁成鱼肉末；将面包搓成面包屑。

3. 取一个大碗，倒入莴苣丁、三文鱼末、面包屑、鸡蛋液、葱末和柠檬汁搅拌均匀。

4. 将混合原液平均分成 16 份，轻拍成一个个小饼放在平盘中，盖上保鲜膜冷藏保鲜约 8 分钟。

5. 锅中倒入适量油烧热，放入小饼煎至两面呈金黄色。

栗子中淀粉含量较高，还富含蛋白质和维生素，其天然的甜香与香菇的鲜味完美结合，再配上清甜的红枣，让白米饭变得更有滋味。

滋补养胃，清甜开胃

香菇红枣栗子炖饭

20min　★★★

食材清单：

香菇 . . . . 2 朵	红枣 . . . . 2 个
熟栗子 . . . . . . 2~3 个	米饭 . . . . 90 克

🍲 制作过程：

1. 将新鲜香菇洗净，去菇柱，切成小碎丁。

2. 栗子剥壳，切成小碎丁；红枣洗净，去核，切成小碎丁。

3. 锅中加入适量清水，放入香菇碎丁、红枣碎丁，大火煮沸，倒入栗子碎末，转小火煮至食材熟软。

4. 倒入米饭搅拌均匀，继续煮至收汁。

缤纷多彩蔬菜饺

⏱ 50min　🍳 ★★★★★

菠菜中的维生素非常丰富，将菠菜泥加入面中，再加上肉、香菇、玉米、豌豆混合做成的饺子馅，补铁、补钙、补维生素一步到位。颜色清新的饺子外皮、咬开后多彩的馅料一定会让宝宝们惊喜不已。

06

🥕 **食材清单：**

中筋面粉 ..... 300 克	玉米粒 .... 30 克
菠菜叶 .... 200 克	豌豆 .... 30 克
猪里脊 .... 80 克	植物油 .... 少许
香菇 .... 2 朵	

🍲 **制作过程：**

1. 将新鲜香菇洗净，去菇柱，切成条状，焯水；将玉米粒、豌豆粒分别洗净，焯熟。

2. 将猪里脊洗净，放入锅中焯水，捞出切成小块。

3. 将猪里脊块、玉米粒、豌豆粒、香菇条全部放入料理杯中打成碎末状，倒入大碗中，加入少许植物油，搅拌均匀。

4. 将菠菜叶洗净，放入清水中焯一下，捞出后放入料理杯中打成细滑的泥糊状。

5. 将面粉倒入大碗中，加入菠菜泥糊，混合搅拌均匀，揉成面团后静置 15 分钟左右，将每一个面团擀成饺子皮。

6. 取适量馅料包成饺子，煮熟。

补充奶量，强健骨骼

鲜虾小番茄芝士意面

⏱ 25min　🍳 ★★★★

虾仁、奶酪、牛奶都是优质的钙源，小番茄富含多种维生素，海鲜菇中的氨基酸非常丰富，这样一碗面轻轻松松帮助宝宝补充多种营养素。

 **食材清单：**

意面 . . . . 15~20 克

虾仁 . . . . 4~5 只

小番茄 . . . . 2~3 个

海鲜菇 . . . . 少许

蛋黄 . . . . 1 个

奶酪 . . . . 适量

牛奶 . . . . 1 杯

大蒜末 . . . . 适量

橄榄油 . . . . 适量

芹菜末 . . . . 少许

🍲 **制作过程：**

1. 将海鲜菇洗净，放入盐水中浸泡一会儿，捞出冲洗干净，去菇根，切碎。

2. 将虾仁洗净，切成粒状；小番茄洗净，切成片状；奶酪切成小块。

3. 意面用清水浸泡 15 分钟左右，煮熟，捞出过凉，沥水。

4. 锅中刷上适量橄榄油，放入蒜末煸香，倒入虾仁、海鲜菇、小番茄翻炒至熟，用筷子夹出小番茄的皮。

5. 倒入意面和 1 杯牛奶，搅拌均匀，转小火煮一会儿，加入奶酪碎末搅拌至熔化，倒入蛋黄，最后拌入芹菜碎末略煮即可。

这款粥看着就很清爽，而且奶香味十足，能激发宝宝的食欲。玉米和黄瓜都富含膳食纤维，能让宝宝排便更轻松，同时还能为宝宝提供维生素C、胡萝卜素及多种矿物质。

补充能量，促进排便

香甜牛奶黄瓜玉米粥

🕐 20min 🍳 ★★★

 食材清单：

小黄瓜 . . . . 30 克
玉米粒 . . . . .25 克
大米 . . . . 30~40 克
配方奶 . . . . 适量
植物油 . . . . 少许

 **制作过程：**

1. 将小黄瓜洗净，去皮，切成丁。
2. 锅中刷上一层薄薄的油烧热，倒入玉米粒翻炒 1 分钟，放入黄瓜丁继续翻炒。
3. 倒入适量的配方奶，小火翻拌均匀，稍煮一会儿，盛出。
4. 将大米洗净，和适量清水一起倒入锅中，大火煮沸后转小火炖煮。
5. 粥快熟时，倒入炒好的食材翻拌均匀，小火炖煮至软烂即可。

18 月 +
保证宝宝大脑发育的营养

● 18 月龄宝宝辅食添加的要点

1. 18 月龄的宝宝可以吃软饭、剪碎的蔬菜和肉、剪碎的面、切成薄片的水果。

2. 没有所谓"最好的食物",最好的饮食就是均衡的饮食,让宝宝吃到尽可能丰富的食材。

3. 宝宝的胃容量有限,少吃多餐可以帮助宝宝及时补充营养。加点心一定要适量,并且时间不要距离正餐时间太近,以免影响食欲。

4. 培养宝宝自己吃饭的好习惯,不要养成追着喂饭的习惯。

5. 多带宝宝到户外活动,适宜的阳光有助于促进维生素 D 的形成,对钙质吸收和骨骼发育很有帮助。

● 18 月龄宝宝一天怎么吃?

宝宝的第 1 餐:母乳或配方奶

宝宝的第 2 餐:早餐

宝宝的第 3 餐:点心

宝宝的第 4 餐:午餐

宝宝的第 5 餐:点心

宝宝的第 6 餐:晚餐

宝宝的第 7 餐:母乳或配方奶

18 月龄宝宝一周辅食计划表

天数	早餐	点心	午餐	点心	晚餐
Day 1	芝士焗薯蓉 + 苹果	西瓜	包菜胡萝卜 莴苣蛋黄拌饭	自制饼干 + 奶	软饭 / 米饭 + 虾仁玉米青豆胡萝卜
Day 2	青菜粥 + 牛肉松 +1/2 个水煮蛋	1/4 个 火龙果	软饭 / 米饭 + 山药土豆排骨汤 + 螃蟹肉	泡芙 + 奶	番茄酱洋葱 肉末芝士焗面
Day 3	水蒸蛋 + 三文鱼肉松 + 刀切小馒头	泡芙 + 溶豆	虾仁玉米 青豆菠萝饭	牛油果香蕉泥 + 酸奶	茄子肉末意面
Day 4	燕麦玉米粥	自制饼干 + 苹果	蔬菜肉末 紫薯焗饭	溶豆 + 奶	南瓜鸡蛋鳕鱼面
Day 5	胡萝卜青菜粥 + 鸡肉松	1/2 个杧果	小馄饨 + 南瓜紫甘蓝泥	小蛋糕 + 奶	番茄土豆牛肉意面
Day 6	蔬菜鸡蛋饼 + 南瓜泥	苹果 + 樱桃	排骨干贝粥	蓝莓香蕉泥 + 酸奶	软饭 / 米饭 + 胡萝卜香菇青菜猪肉
Day 7	小米粥 + 猪肉松 +1/2 个白煮蛋	香蕉	紫甘蓝南瓜 甜椒牛肉饭	全麦面包 + 奶	番茄玉米糙米粥

给宝宝更多的美味

① 杏仁蜂蜜脆饼　　② 枣馅芝麻紫薯饼　　③ 番茄茄子肉末拌面
④ 葡萄干小米糕　　⑤ 核桃虾皮饭团　　⑥ 香菇干贝胡萝卜干拌面
⑦ 自制寿司

香甜干脆，增进食欲

杏仁蜂蜜脆饼

⏱ 20min 🍳 ★★★★★

宝宝 1 岁以后就能吃蜂蜜了，天然的蜂蜜搭配杏仁片制成的小脆饼，营养天然，味道好，给宝宝掰一块儿，他立马就安静了!

 食材清单：

熟杏仁片	15~20 克
黄油	50 克
蜂蜜	20~30 毫升
中筋面粉	30 克
蛋清	1 个
白砂糖	20 克
植物油	适量

 制作过程：

1. 将黄油切成小块，加热至熔化，倒入蜂蜜、蛋清及少许白砂糖。
2. 将面粉筛入黄油混合液中，用打蛋器将上述食材混合搅打均匀，制成面糊。
3. 在烤盘中刷上一层薄薄的植物油，铺上硅油纸，将面糊慢慢倒入烤盘中，然后倾斜烤盘，让整个烤盘都铺上薄薄的一层面糊。
4. 在面糊表面均匀地撒上少许熟杏仁片。
5. 将面糊放入预热好的烤箱内，上下火中层 180℃，10 分钟左右烤至呈焦黄色即可。

小贴士
杏仁蜂蜜脆饼属于甜食，不能让宝宝过多食用。

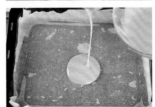
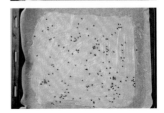

养护肠道，香甜酥软

枣馅芝麻紫薯饼

⏱ 50min 🍳 ★★★★★

紫薯不仅含有普通红薯的营养成分，还富含硒元素和花青素，且易被人体消化和吸收。这款粗粮小饼口感酥软、香甜美味，家里的大人和宝宝都可以吃，是健康的零食之选。

🥕 食材清单：

紫薯	400 克	红枣	70 克
牛奶	50 克	白芝麻	30 克
糯米粉	60 克	白糖	少许

🍲 制作过程：

1. 将红枣洗净，去核；紫薯洗净，去皮，切成块；将紫薯和红枣放入蒸锅中蒸熟。

2. 取出蒸熟的紫薯，放入研磨碗中研磨成泥，加入少许白糖（也可以不加）、糯米粉和牛奶翻拌均匀，揉成面团。

3. 将蒸好的红枣放入料理杯中，加入少量牛奶搅打成泥。

4. 将白芝麻倒入不粘锅中快速炒熟，倒在烤盘上。

5. 将紫薯糯米面团平均分成若干份，分别压成圆饼状，包入枣泥揉成球，滚上芝麻（紫薯球表面均匀地沾上芝麻），压成紫薯饼。

6. 将紫薯饼放入预热好的烤箱中，上下火中层 160℃，15 分钟左右。

> **小贴士**
>
> 紫薯去皮后再蒸熟，口感更甘爽，也容易蒸熟。红枣比紫薯熟得晚一些，取出紫薯后，需继续蒸一会儿。

03

搞定挑食的宝宝，预防贫血

番茄茄子肉末拌面

 30min　 ★★★

酸酸甜甜的番茄是开胃的好帮手，加上补铁的
肉类以及口感细腻的茄子，炒出的菜肴香浓味
美。拌入耐嚼筋道的意面中，能获得一大批小
吃货的青睐。

🥕 **食材清单：**

番茄.............1/2 个
茄子.............40 克
猪里脊肉..........30 克
意面..............适量
大蒜末............少许
橄榄油............少许
糖粉.............少许

🍲 **制作过程：**

1. 意面用水浸泡 15 分钟左右。
2. 番茄、茄子分别洗净，去皮，切成丁状。
3. 将猪里脊肉去腱膜，洗净，焯熟，捞出沥干，切成碎末。
4. 锅中加入适量清水煮沸，放入意面，适当翻动几下，煮的过程中不要盖锅盖，小火煮 10~15 分钟，捞出过凉盛入碗中。
5. 锅中刷上一层薄薄的油烧热，倒入蒜末炒香，倒入茄子丁，大火炒至熟软，加入番茄丁、肉末和少许糖粉，转中火炒至汤汁黏稠。
6. 将炒好的菜肴倒入煮好的意面中，搅拌均匀即可。

04

酸甜软糯，养胃易消化

葡萄干小米糕

🕐 40min 🍳 ★★★★

这款小蒸糕含大米和小米，保证了主食的多样化，也可作为宝宝的主食。葡萄干的加入带来丰富的碳水化合物，让味道更香甜。

🥕 **食材清单：**

大米粉 . . . . 60 克

小米粉 . . . . 20 克

牛奶 . . . . 100~120 毫升

蛋清 . . . . 60 克

葡萄干 . . . . 20 克

糖 . . . . 少许

🍲 **制作过程：**

1. 将大米粉和小米粉倒入大碗中混合，加入牛奶搅拌成黏稠的米糊状。

2. 将蛋清打发，可以加一点糖（或者不加），打发至呈直立的三角形。

3. 将蛋清拌入米糊中，加入葡萄干翻拌混合均匀，装入模具中。

4. 将小米糕糊放入蒸锅中蒸熟，20~25 分钟，关火，焖 5 分钟后取出，放凉后即可食用。

05

强健骨骼，常吃更聪明

核桃虾皮饭团

⏱ 30min 🍳 ★★★

普通的米饭搭配富含钙质的虾皮和含有不饱和脂肪酸的核桃，立马变得好吃起来。捏成迷你的小饭团，让宝宝拿着吃也很方便。

🥕 **食材清单：**

核桃仁 . . . . 20 克
虾皮 . . . . 3~5 克
米饭 . . . . 适量
糖粉 . . . . 少许
橄榄油 . . . . 少许
芝麻油 . . . . 少许
熟芝麻 . . . . 少许

🍲 **制作过程：**

1. 将虾皮放入温水中浸泡 20 分钟左右，也可以选择用焯水的方式，以去除细沙和多余的盐分。
2. 将核桃仁切成小碎丁，或者放入料理杯中打碎。
3. 将核桃碎丁和虾皮放入锅中，用小火稍微炒干，盛出。
4. 在虾皮、核桃碎丁中拌入少许橄榄油和糖粉，搅拌均匀。
5. 将第 4 步中的食材倒入锅中小火炒熟，倒入米饭、熟芝麻，滴入 2 滴芝麻油，彻底混合搅拌均匀，盛出。
6. 将手洗净，注意不要擦干，将米饭捏成适合宝宝抓握的饭团。

06

鲜美滑爽，补锌开胃

香菇干贝胡萝卜干拌面

 25min ★★★

缺锌易引起宝宝食欲减退，有补锌、补钙作用的干贝，加上维生素丰富的胡萝卜和香菇，不仅能满足宝宝的营养需求，味道也非常鲜美，富有弹性、爽滑的面条更为这道辅食加分，快做给宝宝尝尝吧！

食材清单：

香菇 . . . . 1 朵
干贝 . . . . 少许
胡萝卜 . . . . 20 克
挂面 . . . . 25 克
植物油 . . . . 少许
芝麻油 . . . . 少许
熟芝麻 . . . . 少许

制作过程：

1. 将干贝用温水泡软，撕成丝状；香菇洗净，去菇根，切成条状；胡萝卜洗净去皮，用擦丝刀擦成丝状。

2. 锅中刷上一层薄薄的油，将干贝丝、香菇丝、胡萝卜丝倒入锅中，小火煸炒至熟软。

3. 将挂面掰成适合宝宝咀嚼和吞咽的长度，煮熟后捞出沥水。

4. 将炒好的蔬菜拌入面条中，淋上几滴芝麻油搅拌均匀，最后撒上熟芝麻。

一个小小的寿司卷包含了丰富的营养素，让宝宝抓着吃可以练习手部的精细动作。妈妈还可以自由搭配宝宝喜欢的食材，相比外面买来的寿司，吃起来更安心。

食材丰富，练习手指动作

自制寿司

 20min ·  ★★★

🥕 食材清单：

米饭 . . . . 1 碗

鸡蛋 . . . . 2 个

海苔 . . . . 1 张

肉松 . . . . 30 克

黄瓜 . . . . .1/2 根

胡萝卜 . . . . .1/2 根

寿司醋 . . . . 20 毫升

糖 . . . . 少许

植物油 . . . . 适量

🍲 制作过程：

1. 在米饭中倒入少许寿司醋拌匀，可放入少量的糖。

2. 将胡萝卜和黄瓜洗净、去皮，切成长条；胡萝卜条焯水。

3. 将鸡蛋打散，倒入热油锅中摊成蛋皮，盛出切成长条。

4. 在寿司帘上铺一张海苔，铺上米饭（离海苔上部约1/4 处的位置不要铺米饭），并用勺子压平。

5. 在米饭的下端依次放上食材，卷起寿司帘，将寿司切成小块。

24 月 +
均衡营养让宝宝更强壮

● 24 月龄宝宝饮食要点

1. 24 个月以上的宝宝，随着消化功能的完善，饮食的种类和食材加工性状向成人的过渡，食物以粮食、蔬菜和肉类为主，可以吃米饭、剪断的面条、肉粒和菜段。

2. 这个阶段的宝宝自主活动能力较强，容易接触细菌，饮食方面要平衡膳食，适量摄入鱼、禽、蛋和瘦肉，提升宝宝的免疫力。

3. 妈妈不光要给宝宝吃细粮，也要适当补充粗粮，以避免患维生素 B_1 缺乏症。

4. 虽然大部分食物宝宝都能咀嚼，但最好不要让宝宝吃快餐、可乐以及不健康的零食，饮食仍要选择天然、健康的食物。尤其不能因为宝宝爱吃零食就毫无节制地满足他，长时间如此易造成营养不良。

● 24 月龄宝宝一天怎么吃?

宝宝的第 1 餐：母乳或配方奶

宝宝的第 2 餐：早餐

宝宝的第 3 餐：点心

宝宝的第 4 餐：午餐

宝宝的第 5 餐：点心

宝宝的第 6 餐：晚餐

宝宝的第 7 餐：母乳或配方奶

24 月龄宝宝一周辅食计划表

天数	早餐	点心	午餐	点心	晚餐
Day1	水蒸蛋 + 猪肉松 + 吐司	溶豆	香菇白菜猪肉 胡萝卜小饺子	葡萄 + 酸奶	虾米豆腐燕麦粥 + 红薯
Day2	杂粮粥 + 鸡肉松 +1/2 白煮蛋	梨	米饭 + 番茄鸡蛋鱼丸汤	自制饼干 + 提子 + 奶	蔬菜杂烩 肉末意面
Day3	橙子南瓜羹 + 小包子	香蕉鸡蛋饼 少量	软饭 + 蔬菜鸡蛋羹	小米糕 + 奶	小馄饨 + 南瓜
Day4	青菜粥 + 牛肉松 +1/2 白煮蛋	泡芙 + 苹果	米饭 + 豆腐番茄鱼汤	酸奶 + 西梅	香菇白菜猪肉 胡萝卜小饺子
Day5	水果燕麦粥	1/2 白煮蛋	米饭 + 山药土豆排骨汤 + 螃蟹肉	蓝莓香蕉泥 + 酸奶	小蛋糕 + 肉末鸡蛋羹
Day6	青菜胡萝卜 香菇猪肉鲜虾 小馄饨	自制饼干 + 西梅	西蓝花土豆 洋葱肉末意面	火龙果 + 奶	鲜虾山药玉米粥 + 红薯
Day7	菠菜粥 + 牛肉松 +1/2 白煮蛋	杧果	香菇鳕鱼南瓜拌饭	面包干 + 奶	黑木耳鸡蛋 肉末意面

给宝宝更多的美味

① 奶味蔬菜焖虾意面　　② 杧果西米露　　③ 宝宝特制青团
④ 彩蔬番茄挤挤面　　⑤ 香蕉玉米奶酪小饼

01

补充钙质，促进大脑发育

奶味蔬菜焖虾意面

 30min 🍳 ★★★

宝宝辅食要尽量丰富，不光菜品要多换，主食也要多尝试不同的种类。意面就是一种宝宝都很爱吃的主食，可以搭配各种食材，再搭配奶酪的醇香，一定会让宝宝胃口大开。

 食材清单:

虾仁 . . . . 30 克

胡萝卜 . . . . . 30 克

豌豆 . . . . 30 克

玉米粒 . . . . . 20 克

意面 . . . . 30 克

奶酪 . . . . 15 克

 **制作过程:**

1. 将意面提前在清水中浸泡 15~30 分钟，锅中煮开水，开后一次性放入意面，煮至熟软。

2. 将意面捞出，放入凉开水中过一下，沥干。

3. 虾仁去虾线洗净，焯水至变色，沥干切丁。

4. 胡萝卜洗净，去皮切块，放入锅中煮至变软后切丁。

5. 豌豆放入沸水锅中煮熟后，去皮，切碎；玉米粒放入沸水锅中煮熟，切碎。

6. 奶酪切碎。

7. 不粘锅中倒入食用油，烧热后放入胡萝卜丁、豌豆粒、玉米丁、虾仁丁，翻炒均匀，锅中倒入适量清水，盖盖焖至汤汁变少。

8. 待汤汁变少，放入奶酪丁，翻炒均匀，奶酪熔化后浇到意面上。

02

新鲜的水果富含维生素、矿物质等营养素，牛奶富含钙质。用水果和牛奶配上西米就可以给宝宝做出美味的甜品，不仅可以提升宝宝的食欲，还能补充营养。

维生素丰富，补充钙质

杧果西米露

30min ★★★

食材清单：

小杧果 …………… 1个
西米 …………… 20克
牛奶 …………… 200毫升

小贴士
西米不建议浸泡，浸泡后的西米表层会融化，煮西米的水也需要是沸水。

制作过程：

1. 锅中加适量清水，中火煮开后放入西米，在这个过程中需要随时搅动锅中的西米，防止粘锅。
2. 杧果剖开，在果肉上划十字刀，用小刀将果肉划入碗中。
3. 待煮到西米只剩下一点白芯时关火，盖上盖子焖一会儿。
4. 等西米完全透明后捞起过凉开水，将西米装入小碗中。
5. 放入杧果果肉，然后倒入牛奶，搅拌均匀即可。

03

补充维生素和矿物质

宝宝特制青团

 120min  ★★★★

纯糯米不好消化，配上面粉既保留了香糯的口感，营养也更加丰富。比起其他绿色蔬菜，菠菜中的膳食纤维含量更丰富，而红豆味道香甜可口，含有丰富的维生素 E 和钾，还能促进肠胃蠕动。

🥕 **食材清单：**

中筋面粉	150 克
糯米粉	150 克
菠菜	150 克
红豆	300 克
冰糖	20 克
糖粉	30 克
植物油	少许

🍲 **制作过程：**

1. 将红豆洗净，和清水一起倒入锅中，大火煮开，转小火炖煮 40~50 分钟，放入料理杯中打成豆沙。

2. 锅中倒入植物油烧热，倒入豆沙和冰糖，转中火将豆沙炒干。

3. 菠菜叶提前洗净，取叶子，放入沸水中焯一下，捞出沥水，放入料理杯中打成泥糊状。

4. 将面粉、糯米粉倒入大碗中，加少许糖粉混合均匀，加入植物油、菠菜泥糊搅拌均匀，揉成面团后静置 15 分钟。

5. 将面团分成大小一致的小团，揉成圆团状，包入豆沙馅，搓成一个个丸子。

6. 将做好的丸子放入蒸锅中蒸熟。

04

补充蛋白质，维生素丰富

彩蔬番茄挤挤面

⏱ 25min　🍳 ★★★

手挤面细细软软，宝宝更容易咀嚼，搭配酸甜可口的番茄卤，轻松打开宝宝的胃口。颜色丰富的蔬菜不仅增加了营养价值，更能吸引宝宝的注意力。丰富的碳水化合物给宝宝的肢体运动和脑部运动提供充足的动力，让宝宝更强健。

🥕 **食材清单：**

面粉 . . . . 50 克
玉米粒 . . . . 20 克
胡萝卜 . . . . 20 克
鸡胸肉 . . . . 30 克
食用油 . . . . 5 克
番茄 . . . . 100 克
清水 . . . . 适量

🍲 **制作过程：**

1. 番茄去皮切小丁，胡萝卜去皮洗净切小丁，玉米粒洗净。

2. 胡萝卜丁和玉米粒放入沸水锅中焯熟，鸡胸肉切块焯水后切成末。

3. 面粉中加入适量清水，搅拌至呈黏稠的糊状。

4. 将面糊装入裱花袋中，底部用剪刀剪出一个口。

5. 锅中倒入适量清水，中火煮沸，将裱花袋中的面糊挤入沸水中，待凝固成面条后，用筷子轻轻拨动，以防粘连，转小火煮熟后过凉。

6. 平底锅中倒入适量食用油，放入番茄丁炒至番茄变软、出沙。

7. 加入胡萝卜丁、玉米粒和鸡肉末搅拌均匀即可盛出。

8. 将炒好的番茄卤浇在手挤面条上面。

补充钙质，手指食物

香蕉玉米奶酪小饼

 30min  ★★★

松松软软的小饼，让宝宝拿着吃能促进手部精细动作发展。玉米面的加入让宝宝的食物也做到了"粗细搭配"，营养更容易吸收。配上有特殊香味的香蕉和奶酪，给小饼带来丰富的钙质，有助于宝宝骨骼和牙齿的生长发育。

食材清单：

香蕉 . . . . 1 根
玉米面 . . . . 10 克
面粉 . . . . 20 克
鸡蛋 . . . . 1 个
奶酪 . . . . 15 克
植物油 . . . . 少许

制作过程：

1. 玉米面和面粉混合搅拌均匀，鸡蛋蛋清和蛋黄分离，奶酪切成末，香蕉放入研磨碗中研磨成泥。
2. 将香蕉泥、面粉、蛋黄、奶酪混合，搅拌均匀。
3. 蛋清用打蛋器打发至提起打蛋器的时候会出现直立尖角。
4. 将打发的蛋清加入面糊中，翻拌均匀，放入裱花袋中（裱花袋底部用剪刀剪大小合适的洞）。
5. 锅中刷一层薄薄的植物油，放入模具，将裱花袋中的面糊挤入模具内，用勺子抹平表面，待面糊稍凝固后，取出模具，翻面，煎至两面金黄即可。

PART 08

宝宝常见小烦恼

吃对辅食就能搞定

没有什么比宝宝营养不足或身体不舒服更让妈妈担心的了。俗话说"食补胜于药补"，只要吃对食物，及时为宝宝补充所需的营养，就可以轻松解决宝宝常见的小烦恼，让你安心做个好妈妈。

补钙：
补钙餐吃得好，宝宝才能长高高

中国人常把"补钙"挂在嘴上，到底钙对人体有什么作用呢？钙能促进骨骼的正常发育，预防成年后患骨质疏松症、佝偻病等疾病，确保肌肉、神经的正常工作，以及保证激素和酶的正常分泌。

● 宝宝需要多少钙？

年龄	钙适宜摄入量（AI）	可耐受最高摄入量（UL）
0—6 个月	200 毫克 / 天	1000 毫克 / 天
7—12 个月	250 毫克 / 天	1500 毫克 / 天
1—3 岁	600 毫克 / 天	1500 毫克 / 天

● 补钙的正确方法

要想让宝宝"钙满分"一点儿也不难，只需做好以下几点。

充足的奶量

奶是最好的钙质来源。根据《中国居民膳食指南（2016）》，1—2 岁的宝宝每日饮奶量为 500 毫升，2—5 岁的宝宝为 300~400 毫升，5 岁以后不少于 300 毫升。让宝宝从小养成喝奶的好习惯，会让他受益终身。

补充维生素 D

美国儿科学会建议一直补充维生素 D 到青少年时期。足月儿出生后半个月起 400IU / 天（10 微克 / 天），直到 2—3 岁；早产儿出生后即补充 800~1000IU / 天（20 ~25 微克 / 天），纠正月龄满 3 个月后用量同足月儿。

高钙膳食

除牛奶外，还可以多吃一些高钙食物。

海产品	鱼、虾皮、虾米、海带、紫菜等
奶制品	配方奶、酸奶、母乳、奶酪等
蔬菜	荠菜、苜蓿、菇类、胡萝卜等
其他	鸡蛋和大豆中的钙含量也非常可观

适当的户外活动

带宝宝到户外做适当的活动，接受适宜的阳光照射，能促进体内维生素 D 的合成。

钙补充剂

当膳食钙摄入不足或存在其他钙缺乏的高危因素时，需要在医生指导下进行科学的钙剂补充。

适合月龄 6 月 +

肉末芝士焗蛋

 40min  ★★★

这道辅食有补铁的肉末、补钙的奶酪以及含高蛋白的鸡蛋，可以说是辅食界的"全能型选手"，而且奶香味儿十足，味道超棒！

🥕 食材清单：

鸡蛋 . . . . .3 个

配方奶 / 牛奶 . .80 毫升

淡奶油 . . . . . . .80 毫升

肉末 . . . . 适量

奶酪 . . . . 少许

植物油 . . . . 少许

黄油 . . . . 10 克

🍲 制作过程：

1. 将鸡蛋打散，倒入牛奶和淡奶油，搅拌均匀。

2. 将黄油切成小块，放入煎锅中，小火加热至熔化。

3. 重新起锅，倒入少许植物油，倒入肉末翻炒至熟。

4. 将熔化的黄油和炒熟的肉末放入牛奶蛋液中，搅拌均匀。

5. 将混合液倒入烤碗中，八九分满即可，同时预热烤箱。

6. 将奶酪切成碎末，均匀地撒在混合液中。

7. 将烤碗放入预热好的烤箱内，中层上下火 180℃，20 分钟左右即成。

小小的芝麻是极好的补钙食物，将芝麻做成芝麻粉或芝麻酱，可作为调味品，拌在粥里、各种面食里或蔬菜里，既补钙又美味。

适合月龄 6 月 +

自制芝麻酱

10min　★★

 食材清单：

白芝麻 . . . . 100 克
橄榄油 . . . . 适量

> **小贴士**
> 可以将橄榄油换成芝麻油，油先少放一点儿，不够再加，多了就太油了。自制的芝麻酱不含防腐剂，所以一次不要做太多。

制作过程：

1. 将芝麻洗净，晾干，用炒锅翻炒至呈金黄色。
2. 将炒好的芝麻冷却，用料理棒或辅食机打成粉。
3. 在芝麻粉中加入适量的橄榄油，搅拌均匀即可。
4. 将芝麻酱装入开水烫过、晾干的瓶子里，放入冰箱中冷藏保存。

03

适合月龄 9 月 +

胡萝卜鲜虾香菇粥

🕐 25min 🍳 ★★

鲜虾中富含钙质，搭配天然鲜香的菌菇，不用额外添加调味品就已经非常鲜美了，还能促进宝宝体格生长发育，是一款不可多得的补钙佳品。

  **食材清单：**

鲜虾 . . . . 5~6 只
香菇 . . . . 2 朵
胡萝卜 . . . . 40 克
大米 . . . . 40~50 克

🍲 **制作过程：**

1. 将鲜虾洗净，去壳去虾线，剁烂；将香菇洗净，去菇根，切成碎末；将胡萝卜洗净、去皮，切成碎末。
2. 大米清洗干净，锅中倒入适量水烧开，倒入大米大火煮沸，调小火，倒入胡萝卜末、香菇末，混合搅拌均匀，和粥一起煮至软烂。
3. 倒入鲜虾碎末，搅拌均匀，调大火煮沸即可。

虾仁营养丰富，剁烂后拌入香醇含钙量高的奶酪，吃起来鲜嫩爽滑。爽嫩有嚼头的虾滑，是锻炼宝宝咀嚼能力的完美选择。

适合月龄 10 月 +

葱香奶酪虾滑

 20min ★★★

🥕 **食材清单:**

鲜虾 . . . . 90 克
玉米淀粉 . . . . 20 克
奶酪 . . . . 适量
洋葱 . . . . 少许

小贴士
提前将鲜虾放入冰箱中冷冻一会儿，虾会更容易处理。

🍲 **制作过程:**

1. 将鲜虾去皮、去筋，清洗干净；将洋葱洗净，剁碎；奶酪切碎。

2. 将剥好的虾仁和洋葱碎末一同放入料理杯内，搅打成泥。

3. 将虾仁泥取出放入碗中，加入玉米淀粉和少量水，搅拌均匀呈黏稠状态，加入奶酪碎丁，混合搅拌均匀。

4. 锅中加适量清水煮沸，用勺子挖一勺虾滑放入锅中，用同样方法放入所有虾滑，煮至漂起后捞出。

补铁：
缺铁不光影响宝宝健康，
还会影响智力发育

宝妈们可能对铁元素不是很熟悉，但对"贫血"这个词一定不陌生。铁元素和血液有着最直接的联系，它关系到宝宝智力的发育，并参与体内血红蛋白、细胞色素及各种酶的合成，同时在血液中起到运输营养物质的作用。

● 一定要重视补铁

宝宝长期缺铁会引起缺铁性贫血，同时营养物质得不到有效运输，会直接影响宝宝身体及智力的发育。

有研究发现婴幼儿长期贫血，即使 5 岁时缺铁性贫血得到完全纠正，其智力仍然会落后于正常儿童，这种智力损伤到了青春期后仍然存在。所以，补铁是个大问题，宝妈们一定要重视起来。

● 补铁的正确方法

6 月龄以内的婴儿主要依靠胎儿期肝脏储存的铁来维持体内的铁含量。6 个月以后，虽然母乳和配方奶中也能提供铁，但宝宝生长快，血容量扩张也快，对于铁的需求量也增高。7—12 月龄婴儿，铁的需求量高达 10 毫克 / 天，母乳和配方奶中的铁含量已经不能满足宝宝的需铁量。

所以，加拿大儿科协会（CPS）、美国儿科学会（AAP）、澳大利亚国家健康与医疗研究委员会（NHMRC）三大权威机构都指出：婴儿最先添加的辅食应该是富含铁的高能量食物。

富含铁的食物有：

1. 富含铁的米糊最适合给宝宝作为最初的辅食。

2. 铁元素大多储存于肉类和动物肝脏中，比如猪肝、猪肉、牛肉、鱼、虾等。当宝宝开始添加辅食后，就应该给宝宝适当吃肉，保证宝宝铁的需求量。

3. 蔬菜中也有不少高铁的食物，比如豆类、红枣、山药、菠菜、海带、木耳等。

不过，动物性食物中的铁比植物性食物中的铁更容易被人体吸收，所以菠菜、红枣补铁效果欠佳，想补铁吃肉才是王道。

01

适合月龄 9 月 +

牛肉海带豆腐粥

🕐 25min　🍳 ★★★

铁元素满满的牛肉，配上口感爽滑的豆腐和富含矿物质、维生素的海带，美味可口，营养非常全面。

🥕 **食材清单：**

牛肉 . . . . 30 克
海带 . . . . 10 克
豆腐 . . . . 1 块
大米 . . . . 40 克

🍲 **制作过程：**

1. 海带冲洗干净，浸泡 2 小时，其间换几次水，再次冲洗干净，切碎。
2. 将牛肉去腱膜、洗净，切成小块，焯熟，捞出切成碎末。
3. 将豆腐冲洗干净，用筷子捣烂。
4. 大米清洗干净，锅中倒入适量清水，倒入大米搅拌均匀，大火煮沸，转小火炖煮。
5. 将海带碎末、豆腐末、牛肉碎末倒入大米粥中，大火煮沸后转小火，边煮边搅拌，煮至熟软后关火盛出。

02

适合月龄 9 月 +

番茄猪肝酱

🕐 20min   🍳 ★★★

猪肝中富含铁质和维生素 A，具有补铁的作用，对宝宝的眼睛也很有好处。加上酸酸甜甜的番茄调味，配面配饭配零食都很好吃!

  **食材清单:**

番茄 . . . . 1 个
猪肝 . . . . 50 克
生粉 . . . . 适量
植物油 . . . . 适量
葱段 . . . . 少许
姜片 . . . . 少许

🍲 **制作过程:**

1. 将猪肝用流动的水冲洗 3~5 分钟，放入盐水中浸泡 30 分钟，冲洗干净，切片，再次冲洗干净。

2. 锅中加入清水，放入猪肝和葱段、姜片焯熟，将猪肝捞入料理杯中打成泥状。

3. 将番茄洗净去皮，切成块状，放入料理杯中打成泥状。

4. 锅中刷上一层薄薄的油，倒入番茄泥和猪肝泥，煸炒至熟。

5. 生粉加水调开，倒入锅中搅拌均匀，转小火煮至收汁。

03

冬季萝卜"赛人参"，营养价值非常高，吃肉质鲜美的排骨肉能让宝宝补铁。天气寒冷时，为宝宝做一碗热腾腾的白萝卜排骨肉汤面，鲜香可口，暖心又暖胃。

适合月龄 10 月 +

白萝卜排骨肉汤面

 50min ★★★

🥕 **食材清单：**

小排骨 . . . . . . 4~5 块
白萝卜 . . . . 60 克
挂面 . . . . 25 克
红枣 . . . . 2 颗
葱段 . . . . 少许
姜片 . . . . 少许

🍲 **制作过程：**

1. 将红枣洗净；白萝卜洗净、去皮，切成块状，焯水，捞出，切成碎丁。

2. 将小排骨清洗干净，放入锅中，加入清水和葱段、姜片焯水。

3. 重新起锅，加入清水、葱段、姜片、红枣和排骨大火煮沸，转中火炖 30 分钟以上。

4. 将炖好的排骨捞出，去除骨头，将肉剁成碎末。

5. 将排骨肉末和白萝卜丁放回排骨汤中，煮沸后转中火炖至软烂。

6. 将挂面掰断，放入排骨汤中，大火煮沸，转小火煮至软烂。

适合月龄 12 月 +

山楂猪肝粥

 35min  ★ ★ ★

猪肝中铁质丰富，是补血的佳品，还含有丰富的维生素 A。但猪肝本身的气味儿有点重，山楂的酸甜不仅能掩盖猪肝的气味儿，还能让宝宝开胃，食欲大增。

🥕 **食材清单：**

猪肝 . . . . 50 克
大米 . . . . 40~50 克
山楂 . . . . 50 克
花生 . . . . 10~15 克
白芝麻 . . . . 10 克
葱花 . . . . 少许
植物油 . . . . 少许
生粉 . . . . 少许

🍲 **制作过程：**

1. 将猪肝用流动水冲洗 3~5 分钟，放入盐水中浸泡 30 分钟，冲洗干净，切成小薄片，再次用流动的水冲洗，加入适量生粉和油静置一会儿。
2. 花生洗净，用勺子压成碎末状，将表皮吹掉；山楂洗净去核，切成小块。
3. 大米洗净，和适量清水一起放入锅中煮沸，转小火，倒入花生碎末搅拌均匀，放入切好的山楂和白芝麻煮至食材熟透，15 分钟左右。
4. 将猪肝放入锅中，用筷子搅拌均匀，用中火煮熟，最后撒上葱花。

补锌：
不爱吃饭的宝宝，
很可能是因为缺了它！

很多妈妈对于锌的认识仅限于缺锌会导致孩子胃口不好，然而锌对人体的作用，不止影响胃口这么简单。锌作为人体不可缺少的微量元素，不仅参与体内新陈代谢的过程，还是帮助人体建立免疫系统的重要营养物质。

● 为什么要重视补锌

1. 缺锌会导致宝宝食欲减退，对很多食物不感兴趣。宝宝胃口好了，爱吃饭了，才能吸收营养。同时，锌还有助于促进食物中的碳水化合物、脂肪和蛋白质的吸收。

2. 锌缺乏时，新陈代谢较快的细胞和组织是最早受到影响的，免疫系统、肠黏膜、皮肤都会变得敏感。锌可以帮助人体进行良好的代谢循环，增强宝宝的抵抗力。

3. 锌促进骨骼和主要器官的生长发育。

4. 锌可以维持大脑记忆、感觉、认知等功能的正常运作。

5. 锌促进细胞生长，有助于伤口愈合。

● 补锌的正确方式

通过食物补充锌元素是相对安全、有效的方法。

常见的补锌食材

海产品	如生蚝、牡蛎、扇贝、海虾、蟹等
肉类	如牛肉、猪肉、鸡肉等
坚果	如腰果、杏仁、花生等 （建议磨碎后再给宝宝食用，防止呛入气管引起窒息）
豆类	如黄豆、豌豆、扁豆等
谷物	如全谷物、强化早餐谷物等
乳制品	如牛奶、奶酪等

与植物性食物（如谷物、豆类等富锌的食物）相比，人体对动物性食物中的锌吸收率较高。所以，建议宝妈们尽量选择优质的海产品、肉类给宝宝做辅食。

TIPS

虽然锌元素重要，但也不是补得越多越好，服用高剂量的锌还可能导致贫血等情况的发生。盲目地服用补锌产品，还有可能会引起锌中毒。一般来说，只要宝宝每天能均衡饮食，就能够获得足量的锌元素，并不需要额外补充。若经科学评估后，发现宝宝缺锌，应在医生的指导下服用补锌产品。

01

适合月龄 7 月 +

三文鱼胡萝卜山药羹

 20min ★★

三文鱼不仅富含补脑的 DHA，同时还是锌元素的宝库，且受污染程度低，刺也少。再搭配维生素丰富的胡萝卜、营养全面的山药，可以多方位地为宝宝补充营养。

  食材清单：

三文鱼 . . . . 50 克
胡萝卜 . . . . 30 克
山药 . . . . 90 克

制作过程：

1. 将胡萝卜洗净、去皮，切成块，放入锅中煮熟，取出，放入研磨碗中研磨成泥，过筛。

2. 将三文鱼洗净，放入蒸锅中蒸熟，取出，用手将三文鱼捏碎，去除刺，放入研磨碗中研磨成泥。

3. 将山药清洗干净，去皮切成小块，放入料理杯中打成泥浆状。

4. 锅中加入少许清水煮沸，放入打好的山药泥煮沸，转小火，根据山药糊的浓稠度适量加清水，再煮 3 分钟左右。

5. 将山药羹盛出，铺上一层胡萝卜泥，再铺上三文鱼泥。

鲜虾也是补锌、补钙、补铁的高手，再配上鲜美的干贝，能激发宝宝的食欲，使营养更好地吸收。

适合月龄 10 月 +

鲜虾干贝鸡蛋豆腐羹

 20min 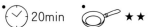 ★★

🥕 食材清单：

虾仁................5 只

干贝..............10 克

鸡蛋..............1 个

豆腐..............1 块

香菜末............少许

🍲 制作过程：

1. 将干贝用水泡软，撕成丝状；将虾仁洗净，剁成碎末。

2. 锅中加入清水，放入剁好的虾仁碎末和干贝丝，煮熟。

3. 将豆腐切成块状后捣碎；倒入锅中，可适当加一些水，大火煮沸后改小火煮 1~2 分钟。

4. 将鸡蛋打散，慢慢地淋入锅中搅拌均匀，撒上香菜末即可出锅。

03

适合月龄 12 月 +

三色彩椒蛤肉面

⏱ 20min 🍳 ★★★

 食材清单：

蛤肉 . . . . 15 克
三色彩椒 . . . . 60 克
挂面 . . . . 20 克
洋葱 . . . . 少许
植物油 . . . . 适量

蛤肉是公认的补锌小能手，还含有大量优质蛋白和多种人体所需的微量元素。肉质鲜美的蛤肉配上颜色鲜艳的彩椒，使单调的面条变得诱惑力十足。

 制作过程：

1. 去除蛤肉里面的"小黑袋"，洗净，切成碎末。
2. 将三色彩椒洗净，切成碎末；将洋葱洗净，切成碎末。
3. 将挂面掰成适合宝宝咀嚼和吞咽的长度。
4. 在锅中倒入少许油烧热，倒入洋葱煸炒至软，放入切好的蛤蜊碎丁、彩椒碎丁混合翻拌均匀。
5. 锅中加入适量水煮沸，放入面条大火煮沸，用铲子搅拌下，转小火煮至熟烂。

适合月龄 11 月 +

番茄烩鳕鱼配软饭

⏱ 20min　🍳 ★★★★

鳕鱼本身比较清淡，和番茄是"黄金搭档"。番茄酸酸甜甜的味道和鲜艳的颜色可成功刺激宝宝的食欲，鳕鱼的营养值爆表，再配上香喷喷的米饭，可以说是辅食界的大餐。

 **食材清单：**

番茄	1 个
鳕鱼	1 块
软饭	适量
胡萝卜	10 克
洋葱	10 克
植物油	少许
柠檬	1 片

🍲 **制作过程：**

1. 将鳕鱼洗净，去皮、去刺，切成丁，放上一片柠檬，静置一会儿。

2. 将胡萝卜洗净、去皮，切成丁；将洋葱洗净，切成碎末状；番茄洗净、去皮，切成块状，放入料理杯中打成泥。

3. 锅中刷上植物油烧热，倒入洋葱煸香，倒入番茄泥，翻炒 1 分钟。

4. 加入适量清水、胡萝卜丁，大火煮沸，转小火，边煮边搅拌直至食材熟软，加入鳕鱼丁，煮 3~5 分钟。

5. 将煮好的番茄烩鳕鱼盛出，浇在香喷喷的软饭上。

DHA：
脑黄金这么补，宝宝更聪明

DHA（俗称"脑黄金"），是不饱和脂肪酸家族的重要成员，它是大脑皮层和视网膜的重要组成成分，对胎儿和婴幼儿的大脑发育及视力发育至关重要。

DHA 除了可以促进脑神经发育、视神经发育，还可以增强免疫力。许多研究证实 DHA 有抗炎的作用，如肠炎、皮肤炎等。看来，DHA 不仅能让宝宝的小脑袋充满能量，还能增强小身躯的抵抗力呢。

● 如何有效补充 DHA？

DHA 不能由人体合成，而需要从饮食中获取。

主要膳食来源：

良好的 DHA 来源是鱼类及其他水产品：深海鱼类是补充 DHA 的首选食材，但如今鱼类的重金属污染问题令人担忧，需要选择比较安全的三文鱼、鳕鱼等 DHA 含量丰富且汞含量较低的优质鱼类。

补充剂：

如果通过食物还不能满足宝宝对 DHA 的摄入需求，妈妈还可以在医生建议下服用鱼油等补充剂。

01

南瓜玉米鳕鱼彩色意面

🕐 35min 🍳 ★★★

鳕鱼含有丰富的蛋白质、DHA 与宝宝生长发育所必需的多种氨基酸；意面作为主食，能帮助宝宝锻炼咀嚼能力。香香甜甜的南瓜玉米鳕鱼彩色意面不仅颜值高，味道也很棒。

🥕 **食材清单:**

南瓜 . . . . 30 克

玉米粒 . . . . 30 克

鳕鱼 . . . . 20~30 克

彩色意面 . . . . 20 克

🍲 **制作过程:**

1. 彩色意面放入清水中浸泡 15~30 分钟；南瓜去皮、洗净，切丁；玉米粒洗净。
2. 将鳕鱼洗净、蒸熟，去掉鱼刺，捏碎鱼肉。
3. 锅中加入清水，放入玉米粒煮至半熟，加入南瓜块和彩色意面煮沸，转小火煮 10~15 分钟。
4. 拌入鳕鱼肉，略煮后盛出。

02

适合月龄 12 月 +

南瓜奶酪三文鱼丸

30min ★★★

三文鱼、蛋清、南瓜和奶酪都非常有营养，香喷喷的鱼丸配上金黄香浓的南瓜奶酪浓汤，看着就超有食欲！

🥕 **食材清单：**

三文鱼 . . . . 90 克
蛋清 . . . . 15 克
玉米淀粉 . . . . 12 克
南瓜泥 . . . . 适量
奶酪 . . . . 适量

🍲 **制作过程：**

1. 三文鱼洗净，去皮去刺，切成小块，打成泥。
2. 在三文鱼泥中加入蛋清搅拌均匀，再加入淀粉。
3. 将鱼肉馅搓成小丸子，放在撒有玉米淀粉的盘子上。
4. 将丸子放入锅中加清水，煮至浮起，1 分钟左右，捞出。
5. 重新起锅加水，倒入奶酪和南瓜泥，煮至黏稠，浇在三文鱼丸子上。

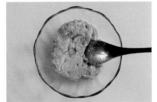

 适合月龄 9 月 +

番茄龙利鱼小米粥

龙利鱼富含蛋白质和不饱和脂肪酸，再搭配开胃的番茄和养胃的小米，能让宝宝更好地吸收龙利鱼中的营养。

⏱ 30min 🍳 ★★★

🥕 **食材清单：**

龙利鱼 . . . . 30 克	大米 . . . . 10 克
番茄 . . . . 1 个	干贝 . . . . 5 克
小米 . . . . 25 克	葱末 . . . . 少许

🍲 **制作过程：**

1. 将干贝泡软，撕成丝状；龙利鱼洗净，切丁。

2. 番茄洗净去皮，切成丁状。

3. 大米和小米洗净，倒入锅中熬煮，加入干贝、番茄丁和龙利鱼肉丁煮至熟软。

4. 最后撒上葱花。

04

鳕鱼有"餐桌上的营养师"的美称，它不仅含有高蛋白，还富含DHA、维生素 A 和维生素 D。鳕鱼遇上冬吃"赛人参"的萝卜，味道更鲜美。

适合月龄 7 月 +

三色白萝卜鳕鱼糊

🕐 15min　🍳 ★★★

🥕 食材清单：

白萝卜 . . . . 80 克

鳕鱼 . . . . 30 克

红彩椒 . . . . 20 克

黄彩椒 . . . . 20 克

绿彩椒 . . . . 20 克

柠檬 . . . . 适量

🍲 制作过程：

1. 鳕鱼洗净，取 1 片柠檬放在上面以去腥。

2. 白萝卜洗净、去皮，切块，焯熟，捞出沥干水分。

3. 将三色彩椒分别洗净、切块，与白萝卜一起放入锅中煮，再加入鳕鱼煮至熟烂。

4. 白萝卜、彩椒分别研磨成泥；鳕鱼去皮去刺捏碎研成泥状。

5. 将白萝卜泥和鳕鱼泥混合搅拌均匀，可适量加入一些汤汁，再点缀上三色彩椒泥。

蛋白质：
宝宝营养不良，首先选择它！

蛋白质是构成肌肉的重要组成元素，也是构成体内器官的重要组成部分，充足的蛋白质有助于肌肉组织的生成，增强宝宝的抵抗力。缺乏蛋白质，宝宝容易出现体重轻、消瘦等营养性疾病。

没有蛋白质就没有生命，蛋白质是维持生命活动的头等重要的物质。长久以来妈妈们似乎对补钙、补铁、补锌都忙得不亦乐乎，却很少注意到营养不良与蛋白质密切相关。如果我们简单地认为只有宝宝变瘦了才会出现营养不良那就错了。

● 为什么要补充蛋白质：

1. 蛋白质是构成我们的身体重要成分，并发挥着重要的生理功能。可以将宝宝的生长发育视为体内蛋白质不断积累的过程，因此对婴幼儿成长尤为重要。

2. 蛋白质是构成多种重要生理活性物质（细胞核——影响细胞功能；酶蛋白——影响人体对食物的消化、吸收；免疫蛋白——维持免疫功能等）的成分，可调节生理功能，维持生命活动的正常进行。

3. 蛋白质在体中分解后会释放能量，是人体的能量来源之一。

● 如何让宝宝远离营养不良：

轻度蛋白质缺乏所引起的营养不良，重点通过饮食补充足够的蛋白质和能量，同时要兼顾对其他营养素的补充。

常见富含蛋白质的食材

动物性蛋白质	植物性蛋白质
禽肉类 （鸡肉、鸭肉、鹅肉等）	干豆及豆制品 （黄豆、黑豆、青豆、红豆、芸豆、蚕豆、豆腐、香干、豆腐皮、腐竹、烤麸）
畜肉类 （猪里脊、牛肉、羊肉等）	坚果、种子类 （山核桃、杏仁、榛子、花生、葵花子仁、南瓜子仁等）
蛋类 （鸡蛋、鸭蛋、鹅蛋、鹌鹑蛋等）	谷类 （小麦粉、高粱米、玉米面、绿豆面、粳米、籼米、小米等）
乳类及乳制品 （牛奶、奶酪、奶粉等）	薯类 （马铃薯等）
鱼虾蟹贝类 （鳕鱼、鲅鱼、鲳鱼、鳜鱼、青鱼、基围虾、蟹肉等）	其他 （紫菜、干香菇等）
其他 （鱼松、肉松、淡盐鱼干、干贝、虾皮等）	

适合月龄 10 月 +

大米鲜肉青菜小丸子

01

🕐 25min　🍳 ★★★

青菜中含有丰富的维生素和矿物质，猪肉是铁和蛋白质的重要来源，搭配普通的白米饭，华丽变身为可爱的小丸子。丸子虽小，却包含了主食、荤菜和素菜，能让宝宝获取均衡的营养。

 食材清单：

猪肉 . . . . 180 克

青菜 . . . . 2~3 棵

米饭 . . . . 60 克

面粉 . . . . 1 勺

生粉 . . . . 少许

 **制作过程：**

1. 将米饭剁成碎末状；青菜洗净，去除根部，焯熟后沥水，切碎。

2. 猪肉去腱膜，洗净，切成小块，用料理棒搅打成泥。

3. 将米饭、青菜、猪肉搅拌均匀，再加入 1 勺面粉，搅拌均匀。

4. 锅中加适量清水煮沸，用汤勺挖取肉丸放入锅中，煮至丸子漂起来。

5. 生粉加水调匀，倒入锅中，转小火略微收汁即可。

香菇油麦菜鸡肉粥

02

🕐 30min　🍳 ★★★

油麦菜含有丰富的矿物质、各种维生素，吃起来清爽鲜嫩，很适合用来给宝宝做辅食。这碗粥不仅有油麦菜，还加入了营养味道都很好的香菇来提鲜，更有补铁补蛋白的鸡肉神助攻。

🥕 食材清单：

鸡胸肉 . . . . 40 克
香菇 . . . . .2 朵
油麦菜叶 . . . . . . 20 克
大米 . . . . 40 克
植物油 . . . . 少许

🍲 制作过程：

1. 将油麦菜叶洗净，切碎；香菇提前用盐水泡发，洗净后切碎。

2. 将鸡胸肉切成块，放入锅中焯水，捞出，切成碎末。

3. 锅中刷上薄薄的一层油，放入香菇末炒香，倒入鸡胸肉末翻炒至变色。

4. 另取一口锅，放入大米和清水，大火煮沸，转中小火煮。

5. 倒入煸炒好的香菇鸡肉，大火煮沸后转小火煮至熟软。

6. 出锅前加入油麦菜末，搅拌均匀后即可盛出。

适合月龄 12 月 +

豆腐炖牛肉

 20min ★★★

肉的蛋白质丰富，还能补铁，对宝宝的生长发育大有好处。新鲜的牛肉配上嫩滑的豆腐，营养味美又健康。

🥕 **食材清单：**

牛肉 . . . . 90 克
嫩豆腐 . . . . 1 块
生姜 . . . . 2 片
芹菜 . . . . 2 小根
植物油 . . . . 适量
生粉 . . . . 少许

🍲 **制作过程：**

1. 将牛肉去腱膜、洗净，切成小块，放入料理杯内打成碎末，加入适量生粉搅拌均匀，静置一会儿。
2. 将豆腐洗净，切成小片。
3. 锅中倒入适量油烧热，放入生姜爆香，放入豆腐片煎至两面呈金黄色。
4. 加入适量清水，煮 10 分钟左右。
5. 放入牛肉末搅拌均匀，大火煮沸，拌入香菜即可出锅。

小贴士

俗话说"心急吃不了热豆腐"，有时候豆腐外层凉了，但里面还是很热，一不小心就会烫嘴。给宝宝吃豆腐时，先要夹开晾凉，再给宝宝吃。

04

适合月龄 9 月 +

鲈鱼豆腐汤面

⏱ 25min 🍳 ★★★

豆腐含有丰富的蛋白质，但氨基酸含量较少，而鲈鱼中富含氨基酸，两者搭配起到了很好的互补作用。鲈鱼是非常适合用来炖煮的食材，搭配上鲜嫩的豆腐，不用调味也很美味。

🥕 **食材清单：**

鲈鱼 . . . . 40 克
豆腐 . . . . 70 克
挂面 . . . . 25 克
葱末 . . . . 少许
植物油 . . . . 少许

🍲 **制作过程：**

1. 将鲈鱼洗净，放入蒸锅中蒸熟，取出去皮、去刺，将鱼肉捏成碎末。
2. 将豆腐洗净，切成丁状。
3. 将挂面掰成适合宝宝咀嚼和吞咽的长度。
4. 锅中刷上一层薄薄的植物油，倒入豆腐煸炒几下，加入适量清水煮沸。
5. 放入挂面煮沸，转小火煮至软烂，倒入鲈鱼肉和葱末搅拌均匀，略煮即可。

维生素：
蔬菜水果要多吃，免疫力才更强

维生素分为脂溶性维生素（维生素 A、维生素 D、维生素 E、维生素 K）和水溶性维生素，参与体内多种生物反应，是构成细胞的重要物质，可维持新陈代谢的正常进行。

● 脂溶性维生素

维生素 A、维生素 D、维生素 E 和维生素 K 在油脂环境中容易被吸收，并发挥生理作用。进入小肠后，小肠中少量的脂肪有助于脂溶性维生素的消化吸收，从而提高免疫功能，维持视觉功能，促进体格生长发育。脂溶性维生素多存在于动物性食物中。

维生素 A：动物内脏、蛋类、乳类；

维生素 D：鱼肝、鱼油、鸡蛋、牛肉、鲑鱼、沙丁鱼；

维生素 E：植物油（玉米油、大豆油），绿叶蔬菜；

维生素 K：菠菜、甘蓝菜等。

● 水溶性维生素

水溶性维生素主要包括 B 族维生素、维生素 C 等，易溶于水，多存在于蔬菜和水果中，蔬菜先洗后切可以防止水溶性维生素从切口流失。水溶性维生素大多参与体内的催化反应，和三大营养素的代谢密切相关，同时能维持新陈代谢的正常进行。水溶性维生素含量高的食物有坚果、小麦、粗粮、瘦肉、鱼类、豌豆、猪肝、菠菜、苦瓜、豆角、韭菜、酸枣、鲜枣、草莓、柑橘、柠檬等。

适合月龄 6 月 +

自制番茄酱

⏱ 15min   🍳 ★★

番茄含有丰富的维生素 A 和维生素 C，对宝宝的生长发育好处多多，酸酸甜甜的味道还能刺激宝宝的食欲。番茄酱是万能的调味品，可以拿来拌面、拌粥、拌饭、蘸面包、蘸馒头、蘸馄饨，妈妈们赶紧给宝宝准备起来吧！

 **食材清单：**

番茄 . . . . 3 个
淀粉 / 生粉 . . . . 1 勺
植物油 . . . . 适量

🍲 **制作过程：**

1. 番茄洗净，去盖儿，去皮，切成碎丁。
2. 锅中倒入适量植物油烧热，倒入番茄碎丁煸炒至呈糊状；加入适量清水，改小火煮至番茄软烂。
3. 淀粉加水调匀，小火煮至番茄浓稠后盛出。
4. 放凉后，装入密封罐中，放入冰箱冷藏，随吃随取。

苹果含丰富的糖类，以及蛋白质、脂肪、磷、铁、钾、维生素 C 等，是宝宝辅食的好原料。这道果泥不仅可以补充维生素，在冬季食用，还可以滋润喉咙、润肺清燥。

适合月龄 6 月 +

香甜雪梨苹果泥

 20min ★

🥕 **食材清单：**

梨 .... 1~2 个
苹果 .... 1 个
配方奶 .... 适量

🍲 **制作过程：**

1. 将梨、苹果洗净去皮，切成块状，蒸熟。
2. 将梨和苹果取出，放入料理杯中打成细滑的泥，如果干的话可以加入适量配方奶。
3. 将打好的果泥倒入大碗中，继续加入配方奶稀释到适合宝宝食用的浓稠度。

适合月龄 6 月 +

豌豆桑葚米糊

🕐 20min   🍳 ★★

桑葚富含多种维生素和矿物质，味道甘甜；豌豆富含胡萝卜素和维生素 C，是很好的辅食食材。平凡的米粉配上翠绿的豌豆和紫色的桑葚，颜值瞬间飙升，单调的米粉也变得很好吃。

🥕 **食材清单：**

豌豆 . . . . 40 克
桑葚 . . . . 50 克
米粉 . . . . 适量
温开水 / 配方奶 . . . . 适量

🍲 **制作过程：**

1. 将豌豆洗净，放入锅中，煮至熟软，捞出，放入料理杯中，加入适量的温开水 / 配方奶，打成细滑的泥。
2. 将桑葚冲洗干净，用盐水浸泡一会儿，捞出洗净，去蒂，放入料理杯中搅打成泥。
3. 将米粉慢慢地分多次加入温水中，摇晃均匀，调制成适合宝宝食用的性状。
4. 倒入豌豆泥和桑葚泥，搅拌均匀。

04

适合月龄 7 月 +

甜菜蛋黄米糊

⏱ 25min   🍳 ★★

甜菜富含纤维素、维生素 A、维生素 C、蛋白质和钾元素等，还含有对宝宝生长发育非常有益的叶酸。蛋黄也是不错的辅食食材，与亮眼的甜菜搭配，鲜艳的颜色能刺激宝宝的食欲。

  **食材清单：**

甜菜根 . . . . 60 克
鸡蛋 . . . . 1 个
米粉 . . . . 适量
配方奶 / 温开水 . . . . 适量

🍲 **制作过程：**

1. 锅中加水，放入鸡蛋煮熟（从中火到大火烧开，煮 10 分钟左右），水开后关火，盖上锅盖焖 5~8 分钟。

2. 将鸡蛋捞入冷水中冷却，去壳，取出蛋黄研磨成泥，加入少许配方奶 / 温开水。

3. 将甜菜洗净、去皮，切成片状，蒸熟后，用料理棒打成泥状，可适当加入配方奶 / 温开水。

4. 取适量温开水 / 配方奶（50℃左右），将米粉分多次慢慢地加入其中，每次加入后摇晃均匀，调至成适合宝宝吃的浓稠度。

5. 将蛋黄泥拌入米粉中搅拌均匀，再加上甜菜泥即可。

孩子的零食：
缓解饥饿的好帮手，
锻炼咀嚼能力补充能量

零食通常是指一日三餐时间点之外的时间里所食用的食品，跟食用的时间点有关，跟种类无关。对于小朋友来说，3 次正餐并不能满足他一天的能量所需，所以妈妈们需要在正餐之间再为孩子们提供 2~3 次的零食／点心。通常来说，加餐时间可以选在上午、下午的两餐之间。

宝宝饿了的时候往往脾气不太好；而吃正餐时没胃口的话，会让宝宝得不到足够的营养。适时地提供健康的零食，可以帮助宝宝平衡不规律的饮食，让宝宝顺利度过两餐之间的时间，防止他因为太饿而变得暴躁。

从外面买的零食不健康，往往有很多添加剂，聪明的妈妈都会选择自制合适的零食。

1. 切成薄片的新鲜水果；

2. 无糖的酸奶、低钠的奶酪；

3. 低糖的全谷物麦片：泡在牛奶里，是很不错的点心；

4. 全麦面包、低糖低盐的饼干：看好成分表，建议自己做；

5. 给宝宝准备的零食不用太大份：比如 50 克干麦片 +120 毫升牛奶，或是 1/2 香蕉 + 1 小碗酸奶，就是一份很好的点心了。

总的来说，富含营养（维生素、钙质、蛋白质和纤维素）的新鲜食物是最好的；为宝宝提供容易用手抓取的小块状食物，还能锻炼他的自主进食能力。

香蕉溶豆

🕐 100min 🍳 ★★★★★

这款洋气的溶豆，含有水果、酸奶、奶粉和鸡蛋，可以作为宝宝的常备零食。小小的溶豆还是不错的手指食物。

🥕 食材清单：

酸奶 . . . . 60 克 　　鸡蛋清 . . . . 2 份
香蕉 . . . . 1 根 　　细砂糖 . . . . 少许
玉米淀粉 . . . . . 25 克 　　柠檬 . . . . 少许
奶粉 . . . . 50 克

🍲 制作过程：

1. 将香蕉剥皮，切块，打成泥，在香蕉泥中加入酸奶，搅拌均匀。

2. 将玉米淀粉和奶粉混合后过筛，加入香蕉泥搅拌均匀，制成混合液。

3. 将蛋清用打蛋器打至出现气泡，分 2~3 次加入细砂糖，滴入几滴柠檬汁，继续打至呈干性打发状态。

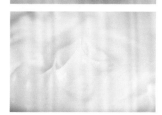

4. 将打发好的蛋清分两次加入混合液中，翻拌均匀制成溶豆原液。

5. 将溶豆原液倒入裱花袋中，挤在烤盘中。

6. 将烤盘放入预热好的烤箱中，上下火中层 100℃，80 分钟左右即可。

蔓越莓饼干

🕐 50min 🍳 ★★★★

02

饼干是全世界小朋友都爱吃的零食，虽然不鼓励多吃，但是适当吃一些也是没有问题的，自己做的比外面买的更健康。蔓越莓饼干不但好吃，而且制作起来超级简单，让宝宝抓着吃，还能帮助宝宝锻炼手指动作。

🥕 食材清单：

黄油	75 克	鸡蛋液	20 克
低筋面粉	110 克	糖粉	10 克
蔓越莓干	25 克	白砂糖	10 克

🍲 制作过程：

1. 蔓越莓干提前放入清水中浸泡。

2. 黄油切丁，放入煎锅中小火加热至沸腾，颜色变为褐色，倒入大碗中冷藏至凝固（类似果冻布丁状）。

3. 取出黄油，加入糖粉和白砂糖，搅拌一下，稍微打发。

4. 加入鸡蛋液混合搅拌均匀，筛入低筋面粉，用刮刀翻拌均匀，再加入蔓越莓干，翻拌均匀。

5. 在案板上铺一张硅油纸，倒出面团，揉成长条状，放入冰箱中冷冻半小时。

6. 取出面团，切成大小厚度均匀的形状，放入烤盘中。

7. 将烤盘放入预热好的烤箱中，上下火中层 180℃，15 分钟左右，烤完后取出，凉透后装入密封罐中，尽快食用完。

椰蓉小饼

 30min ★★★★

饼干是宝宝们超级喜欢的零食，在家里自制的饼干更安全、更健康。无糖的椰丝小饼入口即化，给宝宝当小零食解馋再好不过了。

🥕 食材清单：

低筋面粉 ..... 80 克	鸡蛋液 .... 15 克
椰蓉 .... 20 克	糯米粉 .... 10 克
黄油 .... 90 克	糖粉 .... 少许

🍲 制作过程：

1. 将黄油切成小块，隔水加热软化，放入大碗中，加入糖粉（也可不加），用打蛋器打发至黄油体积膨松，颜色变淡。

2. 将鸡蛋液倒入打发好的黄油里，继续用打蛋器搅打，直至完全混合均匀。

3. 将低筋面粉、糯米粉混合，筛入上述的混合液中，用刮刀翻拌均匀，再倒入椰蓉，继续翻拌均匀，做成饼干面糊。

4. 在烤盘中铺上硅油纸，把面糊倒入裱花袋，在烤盘上挤出小圆形面糊。

5. 将烤盘放入预热好的烤箱中，上下火中层 180℃，约 8 分钟，至饼干表面呈金黄色即可。

麦芬小蛋糕

 40min 🍳 ★★★★

04

麦芬香软可口，加上清新的水果，超萌的可爱造型，能激发宝宝的食欲，帮你轻松搞定挑食的小宝宝。

🥕 食材清单:

低筋面粉 .... 300 克	
黄油 .... 60 克	香蕉 .... 2 根
配方奶 ..... 180 克	泡打粉 .... 适量
糖粉 .... 80 克	淡奶油 .... 适量
鸡蛋 .... 2 个	草莓 .... 适量

🍲 制作过程:

1. 将黄油加热熔化，香蕉研磨成泥。

2. 将香蕉泥、糖粉、黄油、配方奶、鸡蛋一起倒入大碗中，用打蛋器搅打均匀。

3. 在混合液中筛入低筋面粉和泡打粉，用刮刀翻拌均匀。

4. 在烤盘中铺好硅油纸，摆好麦芬纸杯，分别倒入麦芬糊（约五分满）。

5. 将烤盘放入预热好的烤箱中，上下火 180℃，烤 18~20 分钟，烤至蛋糕表面呈浅金黄色，取出，放凉。

6. 用打蛋器将淡奶油打发，放入裱花袋中，在蛋糕表面铺一层奶油。

7. 草莓洗净，在 1/3 处切开，将草莓底部放到奶油上，在草莓上再裱一块奶油，将草莓顶部盖在上面。

生病食谱：
生病抵抗力差，注重营养好得快

妈妈们最常问的问题是："宝宝生病了怎么吃？"在疾病的初期及恢复期，通过安排合适的饮食能帮助宝宝更好地吸收营养，从而减轻生病给宝宝带来的不适。

● 生病宝宝的饮食三原则：

1. 注意补充水分；
2. 进食容易消化、吸收的食物；
3. 吃多吃少由宝宝来决定。

不要强迫宝宝吃东西，或者什么都不吃，这都不利于孩子身体的康复。宝宝生病时本身胃口就不好，身体不舒服，不想吃饭也是正常的。所以在宝宝生病时更应该遵循宝宝的意见，把饭食做得更吸引人更有营养，才能让宝宝把营养吸收，抵抗力强起来。

● 宝宝腹泻

秋冬季节，最容易患胃肠道疾病。宝宝偶尔出现稀软便不必过分担心，如果大便性状突然改变，而且排便频率明显比平时高，就很可能是腹泻。如果是严重腹泻，要及时去看医生。在轻微腹泻时，没有必要让宝宝24小时都不进食，稍大一些的宝宝可以吃小块的清淡食物，例如米饭、番茄、土豆、麦片等，增加正常的营养补给，补充失去的体力。千万记住，如果孩子腹泻了，保持他体内水平衡很重要。

饮食方面要注意：

1. 补充水分和矿物质；
2. 膳食注重摄入富含果胶的食物；
3. 控制膳食纤维和油脂的摄入。

推荐果胶含量较高食材：香蕉、婴儿米粉、苹果泥、面包等。

推荐食谱：黄豆黄瓜肉末乌冬面（P270）、三色虾仁小米粥（P271）

● 宝宝咳嗽

咳嗽是儿童最常见的症状，是人体的一种自我保护，可以帮助排出分泌物、异物等。病毒、细菌、过敏、异物都可以引起咳嗽。咳嗽剧烈时，会因为咽部刺激而出现恶心、呕吐的症状，加上感染本身也会导致胃肠道功能减弱。

饮食方面要注意：

1. 建议吃半流质食物；

2. 饮食宜清淡，忌吃辛辣刺激性食物；

3. 蜂蜜（1岁以上）能够润喉，缓解咳嗽。

推荐食谱：红枣雪梨米糊（P273）

● 宝宝感冒 + 发烧

感冒大多是由病毒引起上呼吸道感染（主要是鼻子和喉咙），还有可能引起发热。大多数感冒会自行痊愈。普通感冒症状较轻，通常大约1周就能自愈；发热本身并不是一种疾病，还可以刺激身体某些防御机制，从而对抗感染。发热会使孩子觉得不舒服，增加对液体的需求量（如果孩子只有2个月大，甚至更小，肛门温度达到38℃或更高，口腔湿度高于37.5℃，腋下温度高于37℃，需立即就医）。

饮食方面要注意：

1. 保证充足的液体摄入量；

2. 少食多餐；

3. 饮食清淡、易消化，忌油腻。

推荐以下食谱：南瓜蘑菇粥（P275）、冬瓜虾皮粥（P276）

01

适合月龄 10 月 +

黄豆黄瓜肉末乌冬面

🕐 30min 🍳 ★★★

猪里脊是常见的补铁食材，切成碎末可以让宝宝在咀嚼中感受肉的美味，口感爽滑的乌冬面还可锻炼咀嚼能力，再配上黄豆、黄瓜和胡萝卜，能全面提供宝宝所需的营养。

  **食材清单：**

黄豆 . . . . 10 克

小黄瓜 . . . . 30 克

乌冬面 . . . . 50 克

猪里脊 . . . . 30 克

胡萝卜 . . . . 10 克

植物油 . . . . 少许

生粉 . . . . 少许

🍲 **制作过程：**

1. 黄豆提前用温水浸泡 3 小时左右，和适量清水一起倒入锅中煮至熟软，捞出，切成碎末状，去掉外皮。

2. 将小黄瓜洗净，去皮去子，切碎；将胡萝卜洗净、去皮，切成碎末。

3. 将猪里脊去腱膜、洗净，切成小块，放入料理棒中打成碎末状，加入生粉静置一会儿。

4. 取出乌冬面，切成 0.5~1 厘米的长度，切前可以先将乌冬面放入清水中过一下。

5. 锅中倒入少许油烧热，倒入黄豆末、小黄瓜碎、胡萝卜末翻炒至熟，加入适量清水，放入肉末和乌冬面，大火煮沸后转小火，煮至软烂即可。

小米含有丰富的维生素、氨基酸、碳水化合物，尤其富含维生素 B₁，是非常好的养胃食材。加上维生素 C 含量丰富的彩椒和高蛋白的虾仁，可有效提高宝宝的抵抗力。

02

适合月龄 10 月 +

三色虾仁小米粥

 20min  ★★★

食材清单：

小米.................30 克

虾仁.................15 克

红彩椒...............10 克

芹菜叶................5 克

葱末..................少许

食用油...............少许

制作过程：

1. 芹菜叶洗净切碎，虾仁挑去虾线切丁，红彩椒洗净切丁。

2. 锅中加入少许食用油，油热后放入葱末炒香，接着放入虾仁丁翻炒变色后，加入少许清水。

3. 水开后加入小米，小火熬煮到小米变得软烂，加入红彩椒丁搅拌均匀煮沸。

4. 最后加入芹菜叶，搅匀煮 30 秒即可盛出。

适合月龄 6 月 +

红枣雪梨米糊

🕐 30min   🍳 ★★

提到红枣，人们的第一印象就是补。红枣的营养价值很高，含有丰富的蛋白质、维生素、胡萝卜素和各种矿物质。红枣配上鲜甜多汁、富含水分的梨，能帮助宝宝消化。

🥕 **食材清单：**

红枣 . . . . 3~5 颗
雪梨 . . . . 1/2 个
米粉 . . . . 适量

🍲 **制作过程：**

1. 将红枣洗净，放入锅中煮至熟软，捞出，去皮、去核。
2. 将雪梨洗净，去皮，取半个切成丁状。
3. 将红枣、雪梨一同放入料理杯中，搅打成泥状。
4. 锅中加入适量清水煮沸，倒入红枣雪梨泥搅拌均匀。
5. 关火稍凉后，慢慢拌入米粉，轻轻摇晃锅身，让米粉彻底混合，搅拌均匀即可盛出。

04

适合月龄 9 月 +

南瓜蘑菇粥

🕐 30min 🍳 ★★★

蘑菇中含有丰富的膳食纤维，南瓜富含果胶。这碗金黄诱人的南瓜蘑菇粥，每一口都带着甜甜的香味，没胃口的宝宝也能吃上一大碗。

🥕 **食材清单：**

南瓜 . . . . 160 克

蘑菇 . . . . 2~3 朵

大米 . . . . 30~40 克

🍲 **制作过程：**

1. 将南瓜去皮、去子，洗净，切成小块，放入蒸锅中蒸熟，放入研磨碗中研磨成泥，过筛。
2. 将新鲜蘑菇洗净，放入淡盐水中浸泡一会儿，冲洗干净，去除菇柱，切成碎末。
3. 将大米洗净，和适量清水一起倒入锅中大火煮沸，倒入蘑菇，转小火炖煮。
4. 待锅中的粥煮烂后，倒入南瓜糊，混合搅拌均匀，再煮一会儿即可盛出。

05

适合月龄 10 月 +

冬瓜虾皮粥

🕐 30min　🍳 ★★★

冬瓜搭配虾皮在家庭的餐桌上很常见。冬瓜含水量丰富，但滋味平淡，与虾皮结合鲜香味十足，胃口差的宝宝也可以尝试一下。

🥕 **食材清单：**

冬瓜 . . . . 50 克
虾皮 . . . . 5 克
大米 . . . . 40 克

🍲 **制作过程：**

1. 大米清洗干净，锅中倒入适量水，倒入大米搅拌均匀，大火煮沸后调小火。

2. 事先将虾皮放入温水中浸泡 20 分钟，能去掉多余的盐分及细沙等，也可以选择用焯水的方式清洗虾皮。

3. 将冬瓜洗净去皮，切成丁状，和虾皮一起倒入煮大米的锅中，先大火煮沸后小火煮至熟软。

便秘:
吃这几样，让宝宝排便更轻松

不少宝宝在添加辅食后都会遇到排便困难的烦恼，有的好几天才大便1次，而且放的屁很臭，这是怎么回事呢？很多妈妈担心宝宝是不是发生了便秘。其实，添加辅食以后大便次数变少是正常的。

● 什么是便秘？

便秘跟大便的频率无关，很多天都不大便不一定是便秘（这也可能是正常的）。便秘指的是大便干结，排便困难。有的宝宝每天都有大便，但只拉很少一点儿，可能已经发生了便秘，这是因为大便都积聚在肠道里没有完全排出来。

1. 纯母乳喂养的宝宝一般不会发生便秘，如果母乳婴儿出现便秘，更有可能是其他原因引起的，而不是饮食因素。

小宝宝在排便的时候表情扭曲或者哭闹是很正常的反应，因为他们还不习惯"大便"这件事。

2. 便秘通常发生在配方奶喂养或者在添加辅食后的宝宝身上。

● 容易引起便秘的因素

配方奶喂养

1. 配方奶粉的消化吸收负担远远超过母乳；

2. 调制配方奶粉过稠（奶粉加得太多）；

3. 钙摄入过多，不能被吸收的钙与肠道内脂肪结合形成钙皂，从而引起便秘；

4. 喂养和养育的过程过于干净，影响正常肠道菌群建立。

添加辅食

1. 高淀粉食物摄入较多，包括块茎类蔬菜、精白米、面条、面包、蛋糕等，或是食用过多含淀粉的零食；

2. 纤维素摄入不足，如宝宝不爱吃蔬菜、水果；

3. 水喝得太少。

缺乏运动

久坐，运动太少。

● 便秘的应对措施

1. 第一次出现排便间隔延长时，可尝试用开塞露；如果大便不干，就不必过度担忧。

2. 给宝宝喂一点点西梅汁（用白水稀释），水果（特别是西梅和梨）一般都可以帮助通便。

3. 如果已经开始吃辅食的宝宝出现便秘，可以在日常饮食中添加一些高纤维食品，包括西梅、杏、李子、葡萄干、高纤维的蔬菜（绿叶蔬菜、十字花科蔬菜），以及全谷物粗粮等。同时，主食尽量做到粗细结合。

4. 增加饮水量。水分能润滑肠道，但宝宝的胃容量小，家长不能给宝宝过多饮水，以免影响正常食欲；进食米粉后若尿液无色或微黄，只需吃完辅食后漱口即可，没有必要额外喝水。

5. 鼓励宝宝多动，增加运动量。

6. 丰富食物种类。给宝宝多种类的全麦谷物，种类丰富的蔬果、奶制品。

7. 严重便秘时，可在咨询儿科医生后服用益生菌＋纤维素制剂（乳果糖口服液等）。

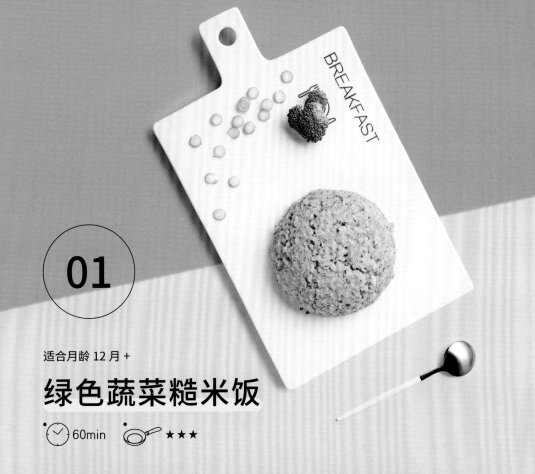

BREAKFAST

01

适合月龄 12 月 +

绿色蔬菜糙米饭

🕐 60min 🍳 ★★★

糙米未经过深加工，保留了大部分的营养物质和粗纤维。在糙米中加入富含维生素 C 的嫩芦笋和西蓝花，以及补蛋白质、补铁的猪肉，让宝宝排便更顺畅。

🍲 制作过程：

1. 将芦笋洗净，取较嫩的部分；西葫芦洗净、去皮，切成片状；将这两种蔬菜放入沸水焯熟，捞出，放入料理棒中搅打成泥。

2. 将西蓝花洗净，取头部花蓉部分。

3. 将猪里脊洗净、去腱膜，放入沸水中焯熟，捞出洗净，切成碎末。

4. 糙米洗净，放入炖锅中，加入清水煮成软米饭，放入猪肉末煮软。

5. 待米饭快熟的时候，倒入西蓝花蓉，搅拌均匀，再煮一会儿。

6. 米饭煮好后，倒入黄油翻拌均匀，直至彻底融化，再拌入打好的蔬菜泥即可。

🥕 食材清单：

嫩芦笋	4 小条
西葫芦	20 克
西蓝花	20 克
糙米	50 克
猪里脊	20 克
无盐黄油	少许

02

适合月龄 8 月 +

豌豆蛋黄面包羹

 20min  ★★★

别看豌豆小小的，纤维素可是很丰富，适量给宝宝吃一些，能让宝宝排便更顺利。配上软软的面包，还能锻炼宝宝手指的精细动作。

🥕 **食材清单：**

豌豆 . . . . 30 克
切片面包 . . . . 1 片
鸡蛋 . . . . 1 个
配方奶 / 水 . . . . 适量

🍲 **制作过程：**

1. 豌豆洗净，放入锅中煮熟，捞出，去皮，放入研磨碗中研成泥。
2. 锅中加水，放入鸡蛋煮熟，盖上锅盖焖 5~8 分钟，捞入冷水中冷却，去壳，取出蛋黄。
3. 将蛋黄放入研磨碗中，研磨成碎末。
4. 将面包撕成碎末状，加入适量配方奶 / 水浸泡半分钟。
5. 锅中加水煮沸，改小火，倒入面包碎末翻拌均匀，倒入豌豆碎末和蛋黄碎末翻拌均匀即可。

小贴士

煮好的豌豆不必急于捞出，浸泡 10 分钟左右，更容易去皮。

适合月龄 10 月 +

豆腐糙米牛油果红椒软饭

03

⏱ 60min 🍳 ★ ★ ★

糙米中含有宝宝成长发育所需的蛋白质、氨基酸与微量元素，是很好的辅食食材，而且糙米中富含大量的膳食纤维，能帮助宝宝改善胃肠的蠕动功能。清香的糙米粥与豆腐、牛油果搭配，口感非常软糯，营养也更全面。

🥕 **食材清单：**

糙米	70 克	红色彩椒	30 克
老豆腐	70 克	香菜	少许
牛油果	1/2 个	植物油	少许

🍲 **制作过程：**

1. 将糙米洗净，倒入锅中，加入适量水煮成软米饭，约 50~60 分钟。

2. 将老豆腐洗净，切成小块；牛油果去核，切成小粒；红椒洗净，切成碎丁状；香菜洗净，切成碎末。

3. 锅中倒入少许油烧热，倒入红椒碎丁、老豆腐丁煸炒至熟，加入适量水煮沸，转小火，加入糙米饭略煮。

4. 快收汁的时候，拌入香菜末、牛油果丁，翻拌均匀至收汁完成即可。

04

适合月龄 18 月 +

香菇荠菜猪肉燕麦粥

🕐 30min 🍳 ★★★

虽然燕麦的口感没有米粥细腻，但含有优质蛋白及镁等微量元素，既能补充营养又能锻炼宝宝的咀嚼能力，还能让宝宝的肠道动起来。芥菜、香菇和猪肉经过翻炒后，鲜美诱人，绝对是宝宝爱吃的味道。

🥕 **食材清单：**

荠菜............. 20~30 克

香菇.................2 朵

猪里脊.......... 25~30 克

燕麦.................40 克

葱花.................少许

植物油...............少许

🍲 **制作过程：**

1. 将荠菜洗净，焯水，捞出沥水，去除根部，取叶子切成碎末。
2. 将香菇洗净，去菇根，切成小碎丁。
3. 将猪里脊洗净，去腱膜，焯水，捞出洗净，切成碎末。
4. 锅中刷上一层薄薄的油，倒入葱末、肉末爆香，加入香菇碎丁煸炒至软，加入荠菜碎末，翻炒均匀。
5. 锅中加入适量清水煮沸，加入燕麦搅拌均匀，转小火煮 2 分钟左右。
6. 最后撒上葱花，搅拌均匀即可出锅。

附录一：
生长曲线图，宝宝成长看得见

判断孩子"长势"如何，掌握孩子的自身生长发育规律，离不开生长发育曲线。生长发育曲线是通过检测众多正常婴幼儿发育过程后描绘出来的，为宝宝绘制专属的"生长发育曲线图"，可以更安心地监测宝宝的生长发育状况。（详情见《年糕妈妈轻松育儿百科》P137）

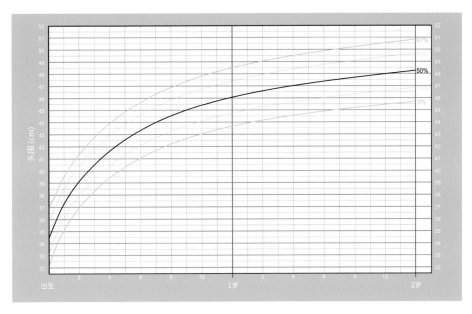

0—2岁男宝宝头围发育曲线图

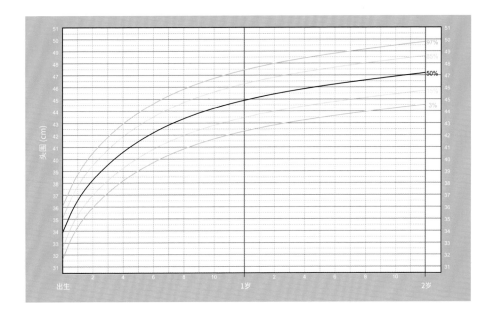

0—2岁女宝宝头围发育曲线图

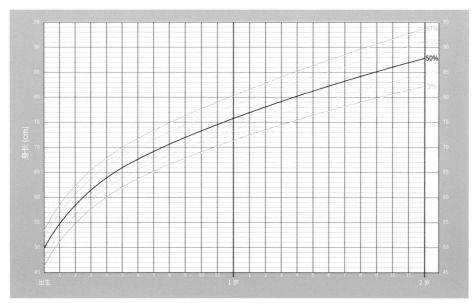

0—2 岁男宝宝身长发育曲线图

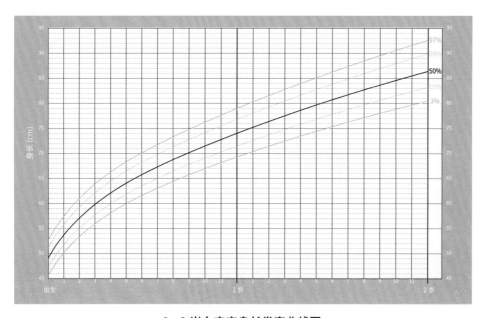

0—2 岁女宝宝身长发育曲线图

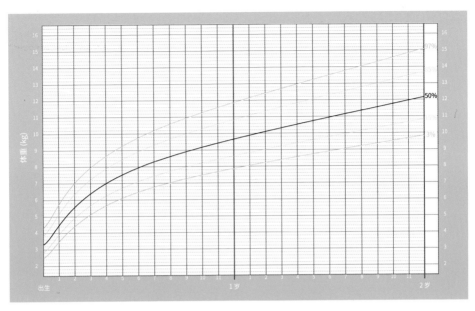

0—2 岁男宝宝体重发育曲线图

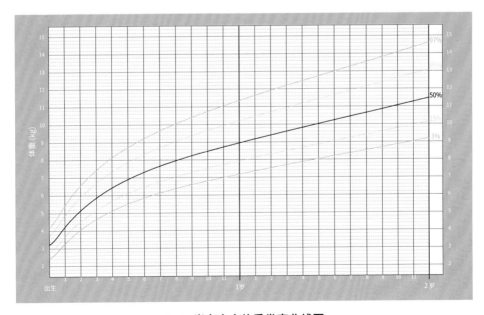

0—2 岁女宝宝体重发育曲线图

附录二：
在吃和喝这两件大事上，
宝宝到达里程碑了吗？

看着宝宝一天天长大，从喝奶到添加辅食，每一步妈妈们心里总是很激动！啊，宝宝今天开始吃米糊了！哇，宝宝今天开始吃软饭了！吃得多、长得好，爸妈的成就感就高。不过，许多新手妈妈常会疑惑，究竟什么时候该

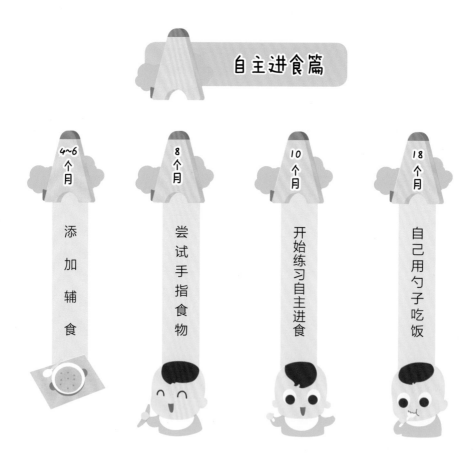

自主进食篇

4~6个月　添加辅食

8个月　尝试手指食物

10个月　开始练习自主进食

18个月　自己用勺子吃饭

吃什么，怎么吃？什么时候该喝水，怎么喝？为了最后宝宝能顺利自己吃饭，自己喝水，糕妈为大家整理了一份特别"里程碑"，赶紧来看一看，你家宝宝的辅食路程，跨过这样的里程碑了吗？

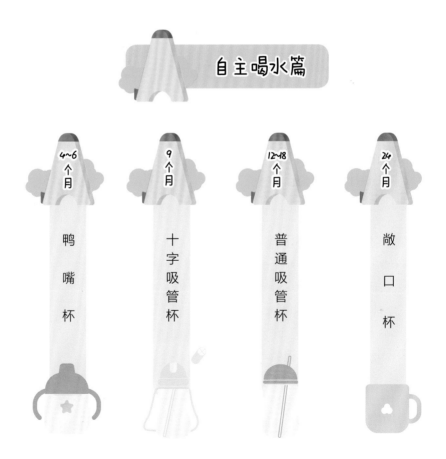

自主喝水篇

4~6个月 鸭嘴杯

9个月 十字吸管杯

12~18个月 普通吸管杯

24个月 敞口杯

图书在版编目（CIP）数据

年糕妈妈辅食日志 / 李丹阳主编. -- 北京：北京
联合出版公司, 2017.12（2023.6重印）
ISBN 978-7-5596-1283-0

Ⅰ.①年… Ⅱ.①李… Ⅲ.①婴幼儿－食谱 Ⅳ.
①TS972.162

中国版本图书馆CIP数据核字(2017)第283059号

年糕妈妈辅食日志

主　　编　李丹阳
责任编辑　郑晓斌　徐　樟
项目策划　紫图图书ZITO®
监　　制　黄利　万夏
特约编辑　曹莉丽　张久越
营销支持　曹莉丽
装帧设计　紫图装帧

北京联合出版公司出版
（北京市西城区德外大街 83 号楼 9 层　100088）
天津联城印刷有限公司印刷　新华书店经销
字数120千字　700毫米×1000毫米　1/16　19.5印张
2017年12月第1版　2023年6月第16次印刷
ISBN 978-7-5596-1283-0
定价：69.90元